中国重要农业文化遗产系列丛书

闵庆文　周　峰　◎丛书主编

河南灵宝
川塬古枣林

HENAN LINGBAO CHUANYUAN GUZAOLIN

范孟革　张贯伍　胡瑞法　主编

U0257339

中国农业出版社

农村读物出版社

北　京

图书在版编目（CIP）数据

河南灵宝川塬古枣林／范孟革，张贯伍，胡瑞法主编. —北京：中国农业出版社，2021.8

（中国重要农业文化遗产系列丛书／闵庆文，周峰主编）

ISBN 978-7-109-27785-4

Ⅰ．①河…　Ⅱ．①范…　②张…　③胡…　Ⅲ．①枣园－农业系统－介绍－灵宝－古代　Ⅳ．①S665.1

中国版本图书馆 CIP 数据核字（2021）第 043439 号

河南灵宝川塬古枣林

中国农业出版社出版

地址：北京市朝阳区麦子店街 18 号楼

邮编：100125

责任编辑：程　燕　　　文字编辑：李兴旺

责任校对：吴丽婷

印刷：中农印务有限公司

版次：2021 年 8 月第 1 版

印次：2021 年 8 月第 1 次印刷

发行：新华书店北京发行所发行

开本：710mm×1000mm　　1／16

印张：11.5

字数：260 千字

定价：59.00 元

编写委员会

我国是历史悠久的文明古国，也是幅员辽阔的农业大国。长期以来，我国劳动人民在农业实践中积累了认识自然、改造自然的丰富经验，并形成了自己的农业文化。农业文化是中华五千年文明发展的物质基础和文化基础，是中华优秀传统文化的重要组成部分，是构建中华民族精神家园、凝聚中华儿女团结奋进的重要文化源泉。

党的十八大提出，要"建设优秀传统文化传承体系，弘扬中华优秀传统文化"。习近平总书记强调，"中华优秀传统文化已经成为中华民族的基因，植根在中国人内心，潜移默化地影响着中国人的思想方式和行为方式。今天，我们提倡和弘扬社会主义核心价值观，必须从中汲取丰富营养，否则就不会有生命力和影响力"。云南红河哈尼稻作梯田系统、江苏兴化垛田传统农业系统、浙江青田稻鱼共生系统，无不折射出古代劳动人民吃苦耐劳的精神，这是中华民

族的智慧结晶，是我们应当珍视和发扬光大的文化瑰宝。现在，我们提倡生态农业、低碳农业、循环农业，都可以从农业文化遗产中吸收营养，也需要从经历了几千年自然与社会考验的传统农业中汲取经验。实践证明，做好重要农业文化遗产的发掘保护和传承利用，对于促进农业可持续发展、带动遗产地农民就业增收、传承农耕文明，都具有十分重要的作用。

中国政府高度重视重要农业文化遗产保护，是最早响应并积极支持联合国粮食及农业组织（FAO）全球重要农业文化遗产保护的国家之一。经过十几年工作实践，我国已经初步形成"政府主导、多方参与、分级管理、利益共享"的农业文化遗产保护管理机制，有力地促进了农业文化遗产的挖掘和保护。2005年以来，已有15个遗产地列入"全球重要农业文化遗产名录"，数量名列世界各国之首。中国是第一个开展国家级农业文化遗产认定的国家，是第一个制定农业文化遗产保护管理办法的国家，也是第一个开展全国性农业文化遗产普查的国家。2012年以来，农业部[①]分三批发布了62项"中国重要农业文化遗产"[②]；2016年，农业部发布了28项中国全球重要农业文化遗产预备名单[③]。此外，农业部于2015年颁布了《重要农业文化遗产管理办法》，2016年初步普查确定了具有潜在保护价值的传统农业生产系统408项。同时，中国对联合国粮食及农业组织的全球重要农业文化遗产保护项目给予积极支持，利用南南合作信托基金连续举办国际培训班，通过亚洲太平洋经济合作组织（APEC）、20国集团（G20）等平台及其他双边和多边国际合作，积极推动国际

---

① 农业部于2018年4月8日更名为农业农村部。
② 截至2020年7月，农业农村部已发布五批118项"中国重要农业文化遗产"。
③ 2019年发布了第二批36项全球重要农业文化遗产预备名单。

农业文化遗产保护，对世界农业文化遗产保护做出了重要贡献。

当前，我国正处在全面建成小康社会的决定性阶段，正在为实现中华民族伟大复兴的中国梦而努力奋斗。推进农业供给侧结构性改革，加快农业现代化建设，实现农村全面小康，既要借鉴世界先进生产技术和经验，更要继承我国璀璨的农耕文明，弘扬优秀农业文化，学习前人智慧，汲取历史营养，坚持走中国特色农业现代化道路。中国重要农业文化遗产系列丛书从历史、科学和现实三个维度，对中国农业文化遗产的产生、发展、演变以及农业文化遗产保护的成功经验和做法进行了系统梳理和总结，是对农业文化遗产保护宣传推介的有益尝试，也是我国农业文化遗产保护工作的重要成果。

我相信，这套丛书的出版一定会对今天的农业实践提供指导和借鉴，必将进一步提高全社会保护农业文化遗产的意识，对传承好弘扬好中华优秀文化发挥重要作用！

农业部部长

2017年6月

序言二

河南灵宝
川塬古枣林

自有人类历史文明以来，勤劳的中国人民运用自己的聪明智慧，与自然共融共存，依山而住、傍水而居，经过一代代努力和积累，创造出了悠久而灿烂的中华农耕文明。中华农耕文明是中华传统文化的重要基础和组成部分，并曾引领世界农业文明数千年，其中所蕴含的丰富的生态哲学思想和生态农业理念，至今对于世界农业可持续发展依然具有重要的指导意义和参考价值。

针对工业化农业所造成的农业生物多样性丧失、农业生态系统功能退化、农业生态环境质量下降、农业可持续发展能力减弱、农业文化传承受阻等问题，联合国粮食及农业组织（FAO）于2002年在全球环境基金（GEF）等国际组织和有关国家政府的支持下，发起了全球重要农业文化遗产（GIAHS）保护倡议，以发掘、保护、利用、传承世界范围内具有重要意义的，包括农业物种资源与生物多样性、传统知识和技术、农业生态与文化景观、农业可持续发展

模式等在内的传统农业系统。

全球重要农业文化遗产的概念和理念甫一提出，就得到了国际社会的广泛响应和支持。截至2014年年底，已有13个国家的31项传统农业系统被列入GIAHS保护名录①。经过努力，在2015年6月结束的联合国粮食及农业组织大会上，已明确将GIAHS作为一项重要工作，纳入常规预算支持。

中国是最早响应并积极支持该项工作的国家之一，并在全球重要农业文化遗产申报与保护、中国重要农业文化遗产发掘与保护、推进重要农业文化遗产领域的国际合作、促进遗产地居民和全社会农业文化遗产保护意识的提高、促进遗产地经济社会可持续发展和传统文化传承、人才培养与能力建设、农业文化遗产价值评估和动态保护的机制与途径探索等方面取得了令世人瞩目的成绩，成为全球农业文化遗产保护的榜样，成为理论和实践高度融合的新的学科生长点、农业国际合作的特色工作、美丽乡村建设和农村生态文明建设的重要抓手。自2005年浙江青田稻鱼共生系统被列为首批"全球重要农业文化遗产名录"以来的10年间，我国已拥有11个全球重要农业文化遗产，居于世界各国之首②；2012年开展中国重要农业文化遗产发掘与保护，2013年和2014年共有39个项目得到认定③，成为最早开展国家级农业文化遗产发掘与保护的国家；重要农业文化遗产管理的体制与机制趋于完善，并初步建立了"保护优先、合理利用，整体保护、协调发展，动态保护、功能拓展，多方参与、惠益共享"的保护方针和"政府主导、分级管理、多方参与"的管理

---

① 截至2020年4月，已有22个国家的59项传统农业系统被列入GIAHS保护名录。

② 截至2020年4月，我国已有15项全球重要农业文化遗产，数量居于世界各国之首。

③ 2013年、2014年、2015年、2017年、2020年共有5批118项中国重要农业文化遗产得到了认定。

机制；从历史文化、系统功能、动态保护、发展战略等方面开展了多学科综合研究，初步形成了一支包括农业历史、农业生态、农业经济、农业政策、农业旅游、乡村发展、农业民俗以及民族学与人类学等领域专家在内的研究队伍；通过技术指导、示范带动等多种途径，有效保护了遗产地农业生物多样性与传统文化，促进了农业与农村的可持续发展，提高了农户的文化自觉性和自豪感，改善了农村生态环境，带动了休闲农业与乡村旅游的发展，提高了农民收入与农村经济发展水平，产生了良好的生态效益、社会效益和经济效益。

习近平总书记指出，农耕文化是我国农业的宝贵财富，是中华文化的重要组成部分，不仅不能丢，而且要不断发扬光大。农村是我国传统文明的发祥地，乡土文化的根不能断，农村不能成为荒芜的农村、留守的农村、记忆中的故园。这是对我国农业文化遗产重要性的高度概括，也为我国农业文化遗产的保护与发展指明了方向。

尽管中国在农业文化遗产保护与发展上已处于世界领先地位，但农业文化遗产的保护相对而言仍然属于"新生事物"，仍有很多人对农业文化遗产的价值和保护重要性缺乏认识，加强科普宣传仍然有很长的路要走。在农业部农产品加工局（乡镇企业局）的支持下①，由中国农业出版社组织、闵庆文研究员及周峰担任丛书主编的这套"中国重要农业文化遗产系列丛书"，无疑是农业文化遗产保护宣传方面的一个有益尝试。每本书均由参与遗产申报的科研人员和地方管理人员共同完成，力图以朴实的语言、图文并茂的形式，全面介绍各农业文化遗产的系统特征与价值、传统知识与技术、生态文化与景观以及保护与发展等内容，并附以地方旅游景点、特色饮

---

① 中国重要农业文化遗产工作现由农业农村部农村社会促进司管理。

食、天气条件等。可以说，这套丛书既是读者了解我国农业文化遗产宝贵财富的参考书，同时又是一套农业文化遗产地旅游的导游书。

我十分乐意向大家推荐这套丛书，也期望通过这套丛书的出版发行，使更多的人关注和参与到农业文化遗产的保护工作中来，为我国农业文化的传承与弘扬、农业的可持续发展、美丽乡村的建设做出贡献。

是为序。

中国工程院院士

联合国粮食及农业组织全球重要农业文化遗产指导委员会主席

农业部全球／中国重要农业文化遗产专家委员会主任委员

中国农学会农业文化遗产分会主任委员

中国科学院地理科学与资源研究所自然与文化遗产研究中心主任

2015年6月30日

　　枣是中华民族的瑰宝，历史悠久的种枣技术为世界园艺技术的发展做出了奠基性的贡献。考古研究证明，早在距今7 800余年前的裴李岗文化时期，中国的先民们已经开始种植枣树。4 000年前的《夏小正》，将枣列为五果之一，2 300年前的《战国策》记载，枣已成为当时百姓的主要生活与经济来源。1 500多年前的《齐民要术·种枣篇》则记载了枣树育种及栽培的技术，其中环剥、疏花等技术仍然是一些国家果树栽培的常用技术。

　　灵宝是枣的故乡。2006年中国科学院考古研究所对灵宝西坡遗址的挖掘证明，早在5 000多年前灵宝的先民便开始驯化和种植枣树。早在1 800年前的《三国志·魏书·董卓传》，已记载了早在1 800余年前的汉献帝兴平二年时期，在灵宝一带已大规模种植枣树，大枣不仅已成为当地遭受蝗灾和干旱、五谷不收情况下的重要救灾食物，而且也成为可供养千军万马的军粮。

　　河南灵宝川塬古枣林农业文化遗产集农业、政治、哲学、军事、

医学、文化等历史遗产于一身。不仅传承了枣树的全部农业特征，由于其地处兵家必争之地的函谷关，其屯兵的隐蔽性赋予其优秀的军事遗产；作为《道德经》产地的"道教之源"，则是全人类的共同哲学遗产；处于明清古枣林周边的"铸鼎原"，则造就了黄河沿岸的政治和文化景观；而作为中华民族瑰宝的中医学，枣也是数百种疾病的常用药。

本书将以非学术语言向读者介绍中国农业文化遗产"河南灵宝川塬古枣林"。全部内容均依据各种史料及学术研究成果完成。所涉及内容的知识产权归这些成果的原创人，本书仅是对其成果的介绍与科普。

目录

河南灵宝
川塬古枣林

灵宝是枣的故乡。2006年，在中华文明探源工程考古挖掘中，中国科学院考古研究所在灵宝铸鼎原周围的西坡遗址上，先后挖掘了5 000多年前的古城池和大房址，发现了残存的枣叶。《史记》记载："黄帝采首山铜，铸鼎于荆山下"，5 000多年前，人文始祖轩辕黄帝，率领先民在铸鼎原铸造了天、地、人三鼎，建立了最初的政治经济文化中心。枣已成为中华政治文化中心先民们驯化的植物。

据考证，早在1 200万年前，枣的祖先——酸枣在中国已是漫山遍野了，种枣的历史最早可追溯到8 000多年前的裴李岗文化时期。早在4 000多年前，便出现了中国种植和利用枣的历史记载。《夏小正》将枣列为"五果"之一，并考证枣是由野生酸枣——"棘"驯化而来。3 000年前的《诗经》中就有"八月剥枣，十月获稻"的句子，暗示当时的枣树与水稻齐名。2 000年前的《史记·货殖列传》记载"北有枣栗之利""其人皆与千户侯等"，枣已成为当时人们致富的摇钱树。

作为我国的原产果树之一，枣树最早的栽培中心在豫、秦、晋黄河峡谷地带，灵宝处于该区域的中心。有关灵宝种植枣树的文字记载

最早出现在《三国志·魏书·董卓传》，"董卓部将郭催、郭汜追及
天子于弘农之曹阳……是时蝗虫起，岁旱无谷，从官食枣菜"，表明
早在1 800余年前的汉献帝兴平二年（即公元195年），在弘农（今灵
宝）一带，不仅已有大枣种植，并还成为了当地遭受蝗灾和干旱、五
谷不收情况下的重要救灾食物，而且已成规模种植，成为可供养千军
万马的军粮。

以山地、土塬、河川阶地为地貌特征的灵宝，广泛分布着遗留下
来的古枣林与古枣树群落。这些古枣林与古枣树是现代园艺技术的活
化石，承载了数千年来中华民族先民们从生产过程中积累的丰富经验
与技术。例如，早在1 300多年前，《齐民要术·种枣篇》就分别记载
了枣树栽培技术，"三步一树，行欲相当""则子细，而味亦不佳"，
这些彰显中华民族智慧的技术仍是气势磅礴的古枣林的最基本技术。

中国农业文化遗产"河南灵宝川塬古枣林"位于河南省灵宝市。
地处豫秦晋三省交界的河南省西部，南依小秦岭、崤山，同陕西省洛
南县，河南省卢氏县、洛宁县接壤；北临黄河，与山西省芮城县、平
陆县隔河相望；东与河南省陕县毗连；西与陕西省潼关县为邻。地理
坐标为东经110°21′18″～111°11′35″和北纬34°07′10″～34°44′21″，东
西长76.4千米，南北宽68.7千米，总面积为3 011千米²，其中耕地
面积84.7万亩[①]。

遗产地河南省灵宝最早的记载始于虞夏，属豫州。商为桃林。西
汉元鼎三年（公元前114年）置弘农县，东汉灵帝改恒农县，西晋复设
弘农县。北周于湖城北置阌乡县，隋开皇十六年（596）析置桃林县。
唐天宝元年（742）因于函谷关掘得"灵符"改桃林为灵宝县。1954年
撤销阌乡县并入灵宝县。1985年洛阳地区撤销，改属三门峡市。

"河南灵宝川塬古枣林"农业文化遗产是指成规模分布于黄河沿

---

① 亩为非法定计量单位，1亩=666.67米²。——编者注

岸各乡镇的灵宝明清古枣林和以零散分布于全市居民的房前屋后的古枣树群落及其与之相关的农业、技术、医药、军事和文化遗产。

遗产地现存的古枣林与古枣树遍布全市的15个乡镇。其中明清古枣林东起三门峡水库淹没区，西至作为中华民族摇篮的皇帝都城铸鼎塬遗址，军事重地函谷关处于其中间位置，包括大王镇、函谷关镇、西阎乡、阳平镇和故县镇，共5个乡镇。目前仍留存较为完整的成规模的古枣林仅以大王镇为主，其他乡镇古枣林则遭破坏较为严重，仅留存有零散分布的古枣树及小规模的古枣林。据初步统计，5个乡镇共有100年以上的古枣树34.7万株，除大王镇有33.5万株，西阎乡和阳平镇分别有1.0万株和0.15万株，函谷关镇有820株。种植大枣的乡镇中仅豫灵镇没有古枣树。

古枣树群落零散分布于除明清古枣林所在乡镇及没有种植枣树的豫灵和故县共7个乡镇外的其他乡镇。主要包括尹庄镇、城关镇、焦村镇、朱阳镇、川口乡、寺河乡、苏村乡和五亩乡，共8个乡镇。共有100年以上的古枣树2.16万株，其中川口乡最多，达到近1.0万株，其次为五亩乡，约0.3万株。

明清古枣林是传承数千年的以灵宝大枣地方品种为核心所形成的遗产系统。该地方品种为圆形，故又称"疙瘩枣"或屯枣。纵径达5厘米，横径达5.12厘米，单果重达30~40克，30余颗枣仅有1千克。干制的成品枣，一个一级品枣重达13克以上，二级泡枣干果一个也在10克以上。由于其大如核桃，状如猫头，故此灵宝大枣又被称为"灵宝圆枣"，最大的人称"猫头枣"。该地方品种主要种植于黄河沿岸的沙土地，几乎全部为集中连片的规模化种植，产品以商品化为主。

分散于全市各地的古枣树群落，其品种以当地历史传承下来的小灵枣为主。该品种生长期间所需要的温度低于灵宝大枣，多生长于浅山丘陵地区，以壤土为主。遗产地农民对小灵枣的种植多数为分散种植，产量以满足农民的自给自足和邻里往来送礼，较少作为商品进入市场。

灵宝川塬古枣林及古枣树群落是当地先民适应黄河峡谷贫瘠自然环境的必然选择。灵宝地处黄土高原东部边缘，干旱少雨，特别是黄河岸边多属风沙土，条件差，水土流失严重，土壤条件严重退化，给农业生产带来不便，严重影响人民群众生活。而灵宝大枣耐瘠薄，生命力强，可在年降水量300～800毫米的地方生存，可以适应黄土高原东沿的立体条件，俗称"铁杆庄稼""木本粮食"。这也体现了人类适应恶劣自然环境的能力。巧合的是，灵宝的水、温度和光照条件可以满足川塬古枣林及古枣树群落的不同生长发育阶段的要求，得益于灵宝的自然条件，这里的大枣品质更好。

地处兵家必争之地的函谷关及其周边的河南灵宝明清古枣林，经历了历代历年的战争，使得大片千年古枣林被战火吞噬，遭受严重损坏。20世纪中期，举世瞩目的中国黄河三门峡水库建设，在淹没了老灵宝县城的同时，也淹没了历史上历经战火遗留下来的古枣林的绝大多数。现存的明清古枣林仅为历史上遗存的年限较短的"明清古枣林"，是中国也是全人类共同的遗产。

除此之外，本遗产也集农业、政治、哲学、军事、医学、文化等历史遗产于一身。地处兵家必争之地的函谷关，其屯兵的隐蔽性赋予其优秀的军事遗产；作为《道德经》产地的"道教之源"，则是全人类共同的哲学遗产；处于明清古枣林周边的"铸鼎原"，则造就了黄河沿岸的政治和文化景观；而作为中华民族瑰宝的中医学，枣也是数百种疾病的常用药。

灵宝大枣具有悠久和光荣的历史。1915年，灵宝大枣和贵州茅台酒、镇江陈醋在万国博览会上荣获金奖。2000年灵宝大枣在乐陵国家红枣鉴评会上荣获金奖。2005年在中国国际枣业发展论坛灵宝大王镇被授予"2005年名优红枣生产乡镇"的称号，同年被国家标准化管理委员会授予"红枣生产国家农业标准化示范区"。2009年11月3日灵宝大枣又被国家有机食品认证机构西北农林科技大学认证中心认证为有机食品。2015年河南灵宝川塬古枣林被农业部认定为"中国重要农业文化遗产"。灵宝大枣已经成为灵宝一项主导产业，是枣区人民脱贫致富的龙头产业。

　　本书将依据各种史料及学术研究成果，以非学术语言向读者介绍中国农业文化遗产"河南灵宝川塬古枣林"，相关内容涉及一系列研究成果。所有这些成果的原创人拥有对本书所涉及相关观点的知识产权，本书仅是对其成果的介绍与科普。

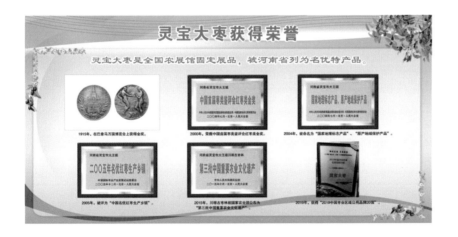

一

大枣故乡　经世奇缘

河南灵宝川塬古枣林

（一）灵宝是枣故乡

2006年，中国科学院考古研究所在灵宝铸鼎原周围的西坡遗址上，在挖掘5 000多年前古城池的填土中不仅发现了酸枣叶及酸枣吊，同时也发现了现代枣叶片残留，在残存的陶器中发现了碳化的枣核。表明早在5 000年前的新石器时代，酸枣就已被中华民族的先民们驯化种植。

《三国志·魏书·董卓传》中记载，董卓部将郭傕、郭汜"追及天子于弘农之曹阳……杀公卿百官，略宫人入弘农。天子走陕，北渡河……都安邑……遣（韩）融至弘农，与傕汜连和，还所略宫人公卿百官，及舆乘车马数乘。是时蝗虫起，岁旱无谷，从官食枣菜"。文中地名弘农，即灵宝；曹阳，即老灵宝县城（现在的老城、后地一带），表明早在1 800余年前的汉献帝兴平二年（即公元195年），在安邑（今山西运城附近）、弘农一带，不仅已有大枣种植，并成为在当地遭受蝗灾和干旱、五谷不收情况下的重要救灾食物，而且已成规模种植，成为可供养千军万马的军粮。这是灵宝最早种植枣树的历史记录。

据《太平寰宇记》卷之六虢州土产栏内，载有"方纹绫（贡）花纱、绢、梨、枣、蜜……"字句。虢州即今灵宝，表明在太平兴国年

注：书中部分照片来源于大王镇《枣林四季》摄影作品展。

间（公元976—984年），大枣当时已成为当地的主要名土特产之一。

据传说，一代女皇武则天从西安经函谷关至洛阳，经灵宝老城，发现黄河从灵宝老城老虎头处折向西北，气势磅礴；而在折转处，出现一大片茂密的枣林，景色壮丽无比。为此，其命人将陕西黄龙山的泥土运至灵宝城北枣园，并挖土修埝，修建"翠微宫"行宫。现在群众中还传颂着"武则天爱灵宝，大修皇城"的民谣。虽然该传说仍需考古学家们进一步考证，然其所传说的"翠微宫"行宫遗址仍在，仍是当地乡民节日祭拜的重要场所之一。

灵宝是枣的故乡，除集中连片成规模地分布于函谷关周边的古枣林外，枣树也散见于灵宝各地，零散分布于全市居民的房前屋后，在历史的长河中自生自灭，不断更新，形成相对独立的既包括古枣树，又包括新生枣树的多代枣树杂生的古枣树及其群落。

武则天行宫"翠微宫"遗址

分布在灵宝各地居民房前屋后的古枣树群落

（二）河南灵宝川塬古枣林及古枣树群落

"河南灵宝川塬古枣林"农业文化遗产分布于灵宝全市，主要包括大王镇、尹庄镇、城关镇、函谷关镇、焦村镇、朱阳镇、阳平镇、故县镇、川口乡、寺河乡、苏村乡、五亩乡和西阎乡，共13个乡镇。

明清古枣林主要位于黄河南岸乡镇，包括大王镇、函谷关镇、西阎乡、阳平镇和故县镇共5个乡镇。初步统计表明，5个乡镇共有100年以上的古枣树34.7万株，除大王镇有33.5万株，西阎乡和阳平镇分别有1万株和0.15万株，函谷关镇有820株。种植大枣的乡镇中仅豫灵镇没有古枣树。

明清古枣林

灵宝大枣

现存的明清古枣林地处兵家必争之地的函谷关及其周边地区。研究表明，为争夺函谷关所发生的历次大型战争，其对当地战场的破坏，首当其冲的便是作为战争要冲和军队驻扎地的枣园。因此，伴随战争的发生，枣园在毁灭和重建中轮回。现存的明清古枣林为近五百年来函谷关及其周边地区未发生类似于历史上历次大战所造成的破坏而遗存下来的年限较短的"明清古枣林"。

明清古枣林指以优质地方品种"灵宝大枣"为主要内容的灵宝明清古枣林及其与之相关的农业、技术、医药和文化遗产，包括该系统所涉及的生态系统、农业与文化景观、农业生产、知识与文化体系等内容。

古枣树群落零散分布于除明清古枣林所在乡镇及没有种植枣树的豫灵和故县共7个乡镇外的其他乡镇。主要包括尹庄镇、城关镇、焦村镇、朱阳镇、川口乡、寺河乡、苏村乡和五亩乡，共8个乡镇。共有100年以上的古枣树2.16万株，其中川口乡最多，达到近1.0万株，其次为五亩乡，约0.3万株。

古枣树群落指以零散分布于全市居民的房前屋后的以小灵枣等地方品种组成的古枣树群落及其与之相关的农业、技术、医药和文化遗产，包括该系统所涉及的生态系统、农业与文化景观、农业生产、知识与文化体系等内容。

位于黄河南岸乡镇的明清古枣林农业文化遗产，是传承数千年的以灵宝大枣地方品种为核心所形成的遗产系统，该地方品种为圆形，故又称"疙瘩枣"或屯枣。纵径达5厘米，横径达5.12厘米，单果重达30~40克，30余颗枣仅有1千克。干制的成品枣，一个一级品枣重达13克以上，二级泡枣干果一个也在10克以上。由于其大如核桃，状如猫头，故此灵宝大枣又被称为"灵宝圆枣"，最大的人称"猫头枣"。

灵宝大枣主要种植于黄河沿岸的沙土地，几乎全部为集中连片的规模化种植，产品以商品化为主。地理位置在北纬40°，东经110°35′左右，属于温带大陆性半干旱季风气候，年平均气温13.9～14℃，年平均降水量500毫米左右，年平均日照时数2 227.9小时，气候温和，积温较多，无霜期长，光照热源充足，北部黄河沿岸多为砂质土壤。因为

散处灵宝各地居民房前屋后的古枣树群落

有肥沃的泥沙土质和浑浊的黄河水做底料，使得灵宝大枣的色、形、味都有别于其他地方的大枣。

与明清古枣林不同，分散于全市各地的古枣树群落，其品种以当地传承下来的小灵枣为主，该品种生长期间所需要的温度低于灵宝大枣，多生长于浅山丘陵地区，以壤土为主。遗产地农民对小灵枣的种植多数为分散种植，主要以满足农民的自给自足和邻里往来送礼，很少作为商品进入市场。

（三）河南灵宝川塬古枣林及古枣树群落的特征

1. 悠久的栽培历史

据考古发掘证明，早在5 000年前遗产地中心地带便有栽培枣树种植。在1 800年前，也出现了有关灵宝种植枣树的文字记录。此后，有关灵宝种枣的历史记载多次出现。有关记载除了和生产及相关产业

有关外，也多与战争、饥荒和医药文化有关。表明该遗产所蕴含的文化除了农业文明外，更包含了生态、军事、医药等文明遗产。

灵宝古枣树

灵宝大枣优良的耐瘠薄和抗旱特征

2．现代园艺技术的活化石

"河南灵宝川塬古枣林"农业遗产是现代园艺技术的活化石。它承载了数千年来中华民族先民们从生产过程中积累的丰富经验与技术，即使到目前为止这些技术仍是园艺生产的最先进技术。例如，早在1 300多年前，《齐民要术·种枣篇》就分别记载了枣树环剥技术和疏花技术，这些技术仍是现代果树生产的主要技术之一；而现存的株行距整齐的灵宝明清古枣林也在《齐民要术·种枣篇》中有记载；灵宝大枣的根生苗技术，为保留该遗产的种性提供了保障。

3．优秀的抗旱、抗涝和水土保持植物

灵宝大枣具有根系发达、根系深远等特质。研究表明，一株高3米的枣树，其根系可延伸至10米多。虽然强大的水平根赋予了枣树保持水土的良好生物学特征，但灵宝大枣也具有极

为发达的垂直根系，从而使灵宝大枣具有了较强的抗旱、抗涝和水土保持等生态功能特征。据《三国志·魏书·董卓传》记载，早在1 800余年前的汉献帝兴平二年（即公元195年），大枣已成为当地遭受蝗灾和干旱、五谷不收情况下的重要救灾食物。另据记载，1959年12月至1960年4月，黄河三门峡大坝第一次拦洪，遗产地后地村部分枣树树干被黄河水淹没，有的树冠被淹没2/3，但在水退后，当年枣树仍能开花结果。

4. 优良的土壤改良技术

灵宝大枣独特的根系使其具有极强的抗旱、抗涝和水土保持特征，该特征使其具有通过保土保肥而改良土壤的良好功能。一是强大的水平根的保土作用，减少了黄河岸边沙土地的水土流失；二是相对发达的垂直根

灵宝大枣强大的保土保水能力

也使灵宝大枣具有较强的抗旱特征。而枣树与豆科作物等其他作物的间作，豆科作物固氮和对其他作物的施肥增加了土地的肥力。这种通过保持水土、抗旱和抗涝改良土壤的农作系统，是中华民族优秀的重要农业遗产。

5. 高度复合的农业、医药和养生文化

与其他农业遗产不同，"河南灵宝川塬古枣林"高度复合了农业和医药文化。一是在灵宝大枣产区，大枣生产成为当地农民的主要

收入之一，其常年农业生产活动多数与大枣生产有关；二是数千年传承下来的中医药，大枣被广泛用于中医药和医疗活动，其药性和疗效也早已被各种中医药临床验证；三是作为养生保健品，大枣已成为从民间到权贵阶层礼尚往来的重要礼品，蕴含了极其丰富的中华民族养生保健文化。

6. 与雨季重合的成熟期

然而需要说明的是，灵宝大枣生产目前遇到成熟期与雨季重合的技术问题，这一技术难题已成为威胁该技术可持续发展的重大挑战。在大枣成熟期时下雨将会导致大枣裂果，从而严重影响大枣产量与农民收入。为此，解决大枣成熟期与雨季重合的技术问题，从技术上克服由此造成的大枣品质下降和裂果问题，是该遗产可持续发展的重要科研问题。

（四）河南灵宝川塬古枣林及古枣树群落的价值

独步天下的灵宝大枣，起初只是采实果腹，后慢慢演变为"选取好味而留栽"。现代医学研究证实，灵宝大枣含热量几乎与米、面相近，可代替粮食，故称为木本粮食。人们对枣产生了浓厚的情感，当地老百姓称之为吉利之物。灵宝大枣饱含着传承文化的精神，丰收喜悦的生活，承载希望的绿色，催生许多雅俗共赏的创作，引来革命家、文学家鲁迅先生和著名作家、翻译家曹靖华先生的交口赞誉。灵宝大枣已和函谷关文化旅游、铸鼎原文化旅游融为一体，形成了灵宝古枣林及古枣树群落的旅游热线。

灵宝川塬古枣林及古枣树群落

1. 生态价值

灵宝川塬古枣林及古枣树群落，不仅有着深厚的文化底蕴、实用的营养与药用价值，对自然生态与环境更有着不可估量的价值。从宏观生态学角度，成片枣树林的生态环境服务功能的间接价值主要表现在以下几个方面：（1）抗旱、抗涝和水土保持。灵宝大枣具有根系发达、根系深远等特质，因此具有较强的抗旱、抗涝和水土保持特征。（2）调节气候。灵宝大枣主要栽植在黄河沿岸的沙土中，耐旱、抗涝、喜光、适应性强。由于地处黄河岸边的峡谷中，受到强烈的河谷风冲击，形成一种独特的小气候。（3）防风固沙，改良土壤。灵宝成片的古枣林既防止城北的沙丘不再向城内移动，又保护了整个半岛水土不再流失，同时也使东风在城东岭头上减弱，形成种庄稼的良田。因此，枣林形成一个巨大的防风固沙体系。

2. 经济价值

大枣生产在灵宝农业生产中一直占有重要地位。作为灵宝三大宝之一，大枣自古以来就在灵宝的农业生产中发挥着重要作用。灵宝大枣除了是大枣主产区农民的主要收入来源外，也曾经是主要的出口贸易产品之一，是当地的主要创汇产品。据灵宝统计局统计，2013年灵宝仅大枣种植面积高达13.5万亩，在灵宝果类产业中，仅次于苹果，处于第二位。需要说明的是，"河南灵宝川塬古枣林"农业文化遗产灿烂的军事、生态、学术及农业文化景观具有极大的潜在经济价值，未来的旅游开发价值巨大，难以估量。

3．社会、文化价值

2015 年是巴拿马万国博览会（世界博览会前身）成立 100 周年，也是灵宝大枣获得该博览会金奖（1915 年）100 周年纪念日。在其数千年的历史传承中，作为中国枣类名产之一，其在传承中国大枣灿烂的农业文化遗产的同时，形成了独特的具有地方特色的品种与农业文化，成为传承中国大枣农业文化的经典。另外，遗产地中心的函谷关，是道家学说的发源地。其独特的文化底蕴赋予该遗产深厚的社会文化价值。

4．科研价值

作为现代园艺技术活化石的"河南灵宝川塬古枣林"，历经千百年风霜，古枣树至今仍然很旺盛，苍劲挺拔，枝繁叶茂，其本身便具有极高的科研价值。与此相对应，弄清该遗产的独特的种质资源以及独有的水土保持、防风固沙、改良土壤等特征的科学机理，对于现代技术的开发具有重要的科学意义。另外，该遗产在中华医药学及相应文化、军事及相关方面的科研价值仍是相应领域的重要关注点之一。

5. 军事价值

地处遗产地中心建置有最早的我国古代雄关要隘函谷关，历史上发生过多次大型战争。其周边的枣园，不仅为军队提供了栖息场所，也为战争时期提供了食物，成为一些战争中维持帝王及将士生命的救命军粮，具有重要的军事价值。

郁郁葱葱的明清古枣林高大及茂密的树冠保障了栖息军队的隐蔽性，而林下较大的树间距确保了军队间的运动自如，是天然的优良屯兵场所

6. 示范价值

"河南灵宝川塬古枣林"农业文化遗产，其独特的种质资源以及独有的水土保持、防风固沙、改良土壤等遗产特征，对于目前的环境治理仍具有重要的示范价值。通过该遗产的保护和深入的科学机理研究，可以挖掘目前我国水土保持、防风固沙和土壤改良方面的现代技术，其示范作用尤其显著。

7. 教育价值

在经济全球化的大背景下，人们越来越重视文化的多元化、生物资源的多样化以及资源环境的可持续发展。在"河南灵宝川塬古枣林"的示范与推广过程中，通过开展"河南灵宝川塬古枣林"农业文化遗产的专项培训，提高干部和群众对以"河南灵宝川塬古枣林"农业文化遗产为代表的农业文化遗产及其保护重要性的认识，保护农业生物多样性与传统农业文化，扩大农业文化遗产的国内外知名度。

枣的药用价值

《素问》："枣为脾之果"。

《神农本草经》：枣"味甘平，主心腹邪气，安中养脾，助十二经，平胃气，通九窍，补少气少津液、身中不足、大惊四肢重，和百药，久服轻身长年。叶覆麻黄，能令出汗"。

《本草备要》：大枣"补中益气，滋脾土，润心肺，调营卫，缓阴血，生津液，悦颜色。"

《伤寒论》：113个处方中有63个配用了大枣。

《大明本草》："甘辛热滑，无毒……与葱同食，令人五脏不和；与鱼同食，令人腰腹痛"。

《本草纲目》："气味甘平，无毒，主治心腹邪气，安中养脾气，平胃气，通九窍，助十二经，补少气少津液、身中不足、大惊四肢重，和百药，久服轻身延年"。

8. 中医药价值

同其他枣类遗产一样，其药用价值早在2 000多年前已被揭示和利用。多部医药巨著都记录了枣的药用价值。灵宝大枣的特殊药效药理也被证明。

（五）河南灵宝川塬古枣林及古枣树群落的演变

承载着优秀珍贵农业、生产技术、医药、军事和文化遗产的河南灵宝明清古枣林及古枣树群落千百年来滋养了灵宝人民，成为当地农民的重要食物与经济来源，其发展演变过程记录了中华民族数千年来的历史。

明清古枣林

现存的明清古枣林地处兵家必争之地的函谷关及其周边地区。研究表明，为争夺函谷关所发生的历次大型战争，其对当地战场的破坏，首当其冲便是作为战争要冲和军队驻扎地的枣园。因此，伴随战争的发生，枣园在毁灭和重建中轮回。现存的明清古枣林为近500年来函谷关及其周边地区未发生类似于历史上历次大战所造成的破坏而遗存下来的年限较短的"明清古枣林"。

举世瞩目的三门峡水库工程是一项浩大的综合利用水利工程，但对河南灵宝这片古老且蕴含深厚历史文化的枣林的保护与发展带来前所未有的威胁。在1955年7月召开的第一届全国人民代表大会第二次会议上，通过了《关于根治黄河水害和开发黄河水利的综合规划的决议》，展开全面治理和开发黄河的工作，并决定第一期工程首先修建三门峡水利枢纽。根据三门峡水库的建设设计，库区的移民高程为335米。按照这一高程线，灵宝段库区淹没耕地7.3万余亩，塌岸毁掉耕地3.1万余亩，陇海铁路改线占地1.1万余亩，洛潼公路改线占地840余亩，共计损失12.3万余亩。其中有灵宝名产大枣园1.1万余亩；淹没有古文明历史的县城两座，其中一座即是灵宝。

1930年《重修河南通志·灵宝县采访册》曾记载："枣栽植面积约80顷（8 000亩），亩产4斗[①]，总产3 200石[②]，多数出境。"中华人民共和国成立后，党和人民政府非常重视大枣的发展。1949年，灵宝大枣栽植1.2万亩，年产大枣1650吨以上。1957年，枣林面积发

三门峡水库淤积区黄河两岸，南岸为新栽植枣园，北岸为山西省农田

---

① 斗为非法定计量单位，1斗=10升。
② 石读音dàn，为非法定计量单位，1石=60千克。

展到13 633亩，年产达到1875吨。但1959年，三门峡水库开始拦洪蓄水，部分枣园成为库区，为了中华民族整体利益，灵宝枣林到1962年仅剩3 870亩，年产仅为145吨。据记载，在三门峡水库拦洪前，老灵宝县城西后园有一棵两个人抱不住的明代栽植的大枣树，一年可收鲜枣250余千克，可晒干枣125余千克。库区拦洪后，大部分明清时代的老树已经被淹没。

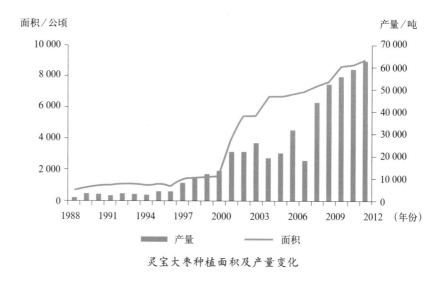

灵宝大枣种植面积及产量变化

三门峡水库拦洪蓄水后，尤其是受"文化大革命"时期"以粮为纲"的影响，大枣的发展处于停滞，一些古枣树甚至被砍伐，少数古枣林被破坏而种上粮食。直至"文化大革命"结束，才有所恢复。

20世纪70年代末开始的农村联产承包责任制改革，给灵宝大枣的发展带来了新的生机。尤其是1985年，时任中共中央总书记的胡耀邦同志到灵宝视察，欣然题词"发展苹果和大枣，家家富裕生活好"。灵宝人民积极响应号召，纷纷在自己的责任田里栽植枣树，使得大枣生产进入一个新时期，至1999年末，枣树栽植面积发展到2万余亩。

随着改革开放的不断深入，市场运作机制日趋完善，人们对市场经济规律认识不断提高，灵宝市委、市政府领导在反复调查、充分论证的基础上，提出了建立10万亩大枣基地的构想，并于1999年下发了灵发〔3〕号文件《关于建立10万亩大枣基地的意见》，明确了指导思想，提出了具体目标，制定了优惠政策，把灵宝大枣确定为八大支柱产业之一，努力将大枣产业做强做大。并且财政每年拨出一定资金，用于无偿扶持农民栽植枣树，使得"灵宝大枣"生产得以迅猛发展。

尤其是2000年后，国家开始实施退耕还林工程，给灵宝大枣的发展注入新的活力。结合农村产业结构调整和建设和谐小康社会，灵宝大枣每年以万亩的发展速度向前推进，5年间栽植大枣5万余亩。至2005年，灵宝10万亩大枣基地建设基本完成，建成后的10万亩大枣基地，每年产干枣5万吨以上，全市仅大枣一项年收入可达5亿元以上，灵宝大枣也成为名副其实的支柱产业。

与大枣的生产与发展不同，零散分布于全市居民的房前屋后的以小灵枣为主的古枣树群落，主要滋养和丰富灵宝人民的物质生活，其在历史的长河中自生自灭，绝大多数未受到战争等的影响。然而，改革开放以来，尤其是随着新农村建设和旧村改造，一些种植在居民房前屋后的古枣树及其群落，则在拆迁旧屋和整村迁移的过程中被大量砍伐，从而造成了对古枣树群落的新一轮破坏，而这一轮破坏活动仍在持续。

二

农业遗产 造福人类

（一）枣的起源

枣（*Ziziphus jujube* Mill.），又名红枣、干枣、枣子，起源于中国。其独特的保持水土、抗旱耐涝抗逆等生物学特征，不仅已成为中国历代农民的重要食物，而且是其休养生息和应对自然灾害的重要果树。枣富含蛋白质、脂肪、糖类、胡萝卜素、B族维生素、维生素C、维生素P以及钙、磷、铁和环磷酸腺苷等营养成分，其中维生素C的含量在果品中名列前茅，有维生素之王的美称，具有极高的营养和药用价值。长期的种植与利用，在种枣区也形成了独特的具有中华民族特色的枣文化，赋予枣——这一中华民族特有农产品——以灿烂文明的世界农业文化遗产而对世界农业发展及农业文化做出了巨大贡献。种枣的历史最早可追溯到裴李岗文化时期。1978年河南密县莪沟北岗新石器时代遗址出土了碳化枣核和干枣，通过测定，证明其距今7 800余年，即我国早在7 800年前的裴李岗文化时期就已经食用大枣了。种植和利用枣的历史记载最早出现在4 000多年前。《夏小正》将枣列为"五果"（栗、桃、李、杏、枣）之一，并考证枣是由野生酸枣——"棘"驯化而来的。此后，《诗经》《史记》《尔雅》《打枣谱》《齐民要术》等对枣树栽培均有文字记载，《尔雅·释木》还记载了枣的不少品种。

枣的生物学与形态学特征

枣为落叶灌木或小乔木，高可达10米。枝平滑无毛，具成对的针刺，直伸或钩曲，幼枝纤弱而簇生，颇似羽状复叶。成之字形曲折。单叶互生；卵

圆形至卵状披针形,少有卵形,长2~6厘米,先端短尖而钝,基部歪斜,边缘具细锯齿,主脉自基部发出,侧脉明显。花小型,成短聚伞花序,丛生于叶腋,黄绿色,萼裂,上部呈花瓣状,下部连成筒状,绿色;花瓣;雄蕊,与花瓣对生;子房室,花柱突出于花盘中央,先端裂,核果卵形至长圆形,长1.5~5厘米,熟时深红色,果肉味甜,核两端锐尖。花期5—6月,果期9—10月。

资料来源:http:// baike.baidu.com/subview/38133/5074835.htm,图片摄自灵宝大枣田间。

枣树是中国特有的经济树种。现在世界各国栽培的枣树,几乎都起源于中国,并且直接或间接地引自中国。起初,枣树先是传到与我国相邻的朝鲜、俄罗斯、阿富汗、印度、缅甸、巴基斯坦及泰国等地;随后向欧洲传播,沿着丝绸之路被带到地中海沿岸各国。20世纪起,苏联曾大量引进我国的枣树品种,美国先后引进了200余个优良品种。目前枣树已遍及五大洲的50多个国家和地区。枣树良好的适应性、丰产性,枣果的独特风味和保健价值,日益引起各国果树专家和果树种植者的极大推崇和关注。

俄罗斯沙枣　　　　　　　印度蜜枣　　　　　　　　　阿富汗蜜枣

缅甸毛叶枣　　　　　　　巴勒斯坦椰枣　　　　　　　　泰国枣

部分国家的枣品种

灵宝大枣的营养学价值

　　灵宝大枣营养极为丰富，含有皂甙、生物碱、黄酮、氨基酸、糖、维生素、有机酸等9种对人体有益的化学成分，比一般苹果、橘子含量高2～10倍。据测定，灵宝大枣含有大量的维生素C，每百克鲜枣中含有蛋白质2.9克，脂肪2.32克，糖、淀粉62.94克，热量292千卡[①]，并含有磷、铁、钙等多种人体所需的微量元素。

　　资料来源：http://sp.chinadaily.com.cn/shiwuku/20140905/889914.html。

---

　　① 卡为非法定计量单位，1卡=4.1868焦。——编者注

枣属（*Ziziphus jujube Mill*）分布

本属物种	地理分布
毛果枣	本种仅见于老挝，在我国云南南部（金平、勐海、景洪、富宁、屏边、勐腊、文山、耿马、河口）、广西西部（扶绥、龙州、那坡、田阳）首次发现。生于海拔1 500米以下的疏林或灌丛中
褐果枣	产于海南岛、云南南部和西南部，生于海拔1 600米以下的疏林中
印度枣	产于云南（景东、景谷、耿马、勐海、景洪、富宁、思茅）、贵州南部（兴义）、广西（凌云）、西藏东南部和南部（吉隆、察隅）
枣	产于吉林、辽宁、河北、山东、山西、陕西、河南、甘肃、新疆、安徽、江苏、浙江、江西、福建、广东、广西、湖南、湖北、四川、云南、贵州
球枣	产于海南岛
大果枣	产于云南中部至西北部（昆明、德钦、开远）
滇刺枣	产于云南、四川、广东、广西，在福建和台湾有栽培。其他国家：斯里兰卡、印度、阿富汗、越南、缅甸、马来西亚、印度尼西亚、澳大利亚及非洲也有分布
山枣	产于四川西部至西南部（康定、木里、盐源、乡城）、云南西北部（滨川、丽江、中甸）、西藏（察瓦龙）
小果枣	产于云南南部（宁江、景洪、勐海、孟连）、广西（南宁、龙州、宁明、百色、那坡）、印度、缅甸、中南半岛、斯里兰卡、马来西亚、印度尼西亚及澳大利亚也有分布
毛脉枣	产于贵州、广西西部（靖西、龙州），生于山坡林中
皱枣	产于海南岛、云南南部至西南部、广西，其他国家：斯里兰卡、印度、缅甸、越南、老挝也有分布
蜀枣	产于四川（乡城）

枣树在中国，不仅栽培历史悠久，而且分布十分广泛。其地理范围为北纬23°～42.5°、东经76°～124°，除了沈阳以北寒冷地区外，枣树几乎遍及全国。但《中国果树志·枣卷》认为枣最早的栽培中心是黄河中下游一带，且豫、晋、秦黄河沿岸栽培较早，涉及河南、陕西、山西、河北、山东等地。目前豫晋、晋陕黄河峡谷地区还生长着树龄数百年甚至上千年的原生酸枣树和枣树。

部分枣品种

（二）重要农业遗产

　　作为一项古老的生产技术，早在4 000多年前枣树的生产已成为一些地区的支柱产业，成为当地农民的主要经济来源。

　　除了《夏小正》（约4 000年前）将枣列为五果之一，也记载了"八月剥枣"的说法，明确记载了八月是枣的收获季节。此后的《诗经》（3 500年前）中则有"八月剥枣，十月获稻"的句子，暗示当时的枣树与水稻齐名。《战国策》中记载，苏秦对燕文侯说："北有枣栗之利，民虽不由田作，枣栗之实足食于民矣"，表明枣已成为百姓的主要生活与经济来源。

《荀子·富国》记载，"今是土之生五谷也，人善治之，则亩数盆，一岁而再获之，然后瓜桃枣李一本数以盆鼓；然后荤菜百蔬以泽量"。不仅表明在春秋战国时期，已使用容积计量农产品及果产品，更重要的是，表明当时的一些农作名产已形成，而枣则是其中的名产之一。

《韩非子·外储说右下·说二》中记载，"五苑之草著、蔬菜、橡果、枣粟，足以活民，请发之"。《史记·货殖列传》记载"北有枣栗之利""其人与千户侯等"，不仅记载了当时枣已成为先民们的主要收入及生活来源，也表明了枣已成为当时人们致富的摇钱树。

作为中国枣树最早的栽培中心之一的灵宝，经过数千年的传承，当地的枣树生产形成了重要的农业遗产。除了《三国志·魏书·董卓传》及《太平寰宇记》的文字记载外，当地遗留下来的规模宏大的明清古枣林及遍布各乡镇房前屋后的古枣树群落，则成为现代果树栽培技术的活化石。

灵宝古枣树

新郑枣树王

佳县千年古枣树

（三）世界园艺技术之源

《齐民要术·种枣篇》（1 500多年前）记载了枣树育种及栽培技术。其中许多技术仍是目前国际上果树栽培、生产的常用技术。

例如，该书记载"正月一日日出时，反斧斑驳椎之，名曰嫁枣""不椎则花而无实，斫则子萎而落也"，记载了目前仍为果树栽培先进技术的果树环剥技术。"候大蚕入簇，以杖击其枝间，振去狂花"，则记载了同样为目前果树生产先进技术的疏花疏果技术。

再如，据该书记载："常选好味者留栽之，候枣叶始生而移之。枣性硬，故主晚栽，早者，坚生迟也"，记载了选择味道好的枣树作为留作种苗，在枣树发芽前移栽及移栽时间。"三步一树，行欲相当""则子细，而味亦不佳"，即合适的枣树栽培株距为三步一树，如果小于该密度，所结枣不仅小，而且味不佳。表明当时人们已掌握了通过田间管理技术提高枣品质的方法。

灵宝明清古枣林先进的株行距技术

现代枣树环剥技术

据灵宝大王镇政府统计，河南灵宝明清古枣林仍留存有古代枣树栽培的典型技术特征，即固定株行距技术。据作者调查，现存的明清古枣林株行距不同地块间均不相同，但多为1.2~1.7丈[①]×2.3~2.8丈（或5米×7.5米）或1.5丈×1.8丈（或5米×6米）。且年代越早，其株行距变化越大。表明遗产地现存的庞大古枣林早在明清时期已形成了独特的现代果树株行距栽培技术。只是随着时间的推移和技术的发展，上述的株行距有所变化。

（四）枣品种的进化

最早记载枣品种的是周公的《尔雅·释木·释草》（公元前6—公元前2世纪）。公元前3世纪西晋郭义恭著《广志》中，当时人们已经注意到果实的大小、形状、色泽、品质、风味等，还注意到枣的不同成熟期、不同用途，以及产地和品种来源。当时已有无核枣出现，称为皙，无实枣。汉代以后，枣树的栽培规模扩大，对品种选育更进一步精益求精。清代汪灏的《广群芳谱》和吴其睿的《植物名实图考》中叙述的枣的品种最多，而且记载也最详细。

---

① 丈为非法定计量单位，1丈=3.3米。——编者注

中国古文献中记载的枣品种数

古农书	著者	成书年代	记载品种数／个
尔雅		周，公元前 600 年	11
西京杂记	刘歆	汉，公元 20 年	7
广志	郭义恭	晋，公元 300 年	21
齐民要术	贾思勰	后魏，公元 534 年	45
本草衍义	寇宗奭	宋，公元 1000 年	3
打枣谱	柳贯	元，公元 1300 年	73
本草纲目	李时珍	明，公元 1578 年	42
农政全书	徐光启	明，公元 1639 年	42
花镜	陈淏子	清，公元 1608 年	8
广群芳谱	汪灏	清，公元 1708 年	87
植物名实图考	吴其睿	清，公元 1720 年	87
钦定授时通考	鄂尔泰	清，公元 1745 年	36

　　1973 年干果会议初步统计，枣已发展到 400 多个品种。1983 年《中国果树志·枣卷》定稿，确定我国有枣树品种 749 个，载入《中国果树志·枣卷》704 个。2009 年出版的《中国枣树种质资源》指出，我国已经发现记载的枣树品种近 1 000 个。

　　需要说明的是，与历代形成并传承的田间管理技术不同，灵宝大枣经过数千年的进化，形成了独特的自体繁殖的优秀品种特征。灵宝大枣又被称为"灵宝圆枣"，其孽生苗不需嫁接便可作为种苗直接利用。这一优良地方品种特征在保持当地品种种性特征的同时，非常有利于品种的扩散；同时，该品种的抗旱、抗涝和耐瘠薄特征，使其可以在干旱、坡地、黄河岸边及其他作物很难生长的沙土地上萌发生长；另外，由于枣树的水平根发达，使其可以在较远距离扩散繁殖。

灵宝大枣的蘖生苗

三

物阜民丰　人情之美

（一）亦食亦礼，民之福利

"枣"的繁体字为"棗"，为两个"朿"（cì）的叠加。与"枣"有关的一个字为"棘"，为两个"朿"并排。中国最早的权威汉字专家东汉的许慎在《说文解字》中解字，"棘，小棗丛生者"。这里所说的"小棗丛生者"即通常所说的"酸枣树"，有刺，味酸。而"棗"字的造型，则表明其比酸枣高大，同时也有刺。表明古人是将枣与酸枣归为一类的。

最早记载枣树人工栽培和食用的为《诗经》，其在《豳风·七月》中记载，"六月食郁及薁，七月亨葵及菽。八月剥枣，十月获稻。为此春酒，以介眉寿。七月食瓜，八月断壶，九月叔苴，采荼薪樗。食我农夫。"记载了在陕西省旬邑县、彬县一带的农事活动。即8月打枣，10月收获稻谷。进入农闲后，就要用稻粟酿酒，以便春节时享用。并将各种美食送给长辈，以示敬老之意。

《战国策》记载，"苏秦将为从，北说燕文侯曰：'燕东有朝鲜、辽东，北有林胡、楼烦，西有云中、九原……南有碣石、雁门之饶，北有枣粟之利，民虽不由田作，枣粟之实足食于民矣。此所谓天府也'"。表明苏秦把枣的生产看作衡量一个国家经济实力的重要因素，且具有战略意义。

另外，早在春秋时期，枣已成为上层社会人士礼尚往来必不可少的礼品。据《周礼》记载，周天子有专门掌管的笾人，凡朝聘、馈赠之事，根据不同人物的身份和地位，由笾人负责准备相应的礼品及其包装礼品，枣便是重要的礼品之一。"笾人掌四笾之实。朝事之笾，其实……白、黑、形盐、鲍鱼……；馈食之笾，其实枣栗桃榛"。

灵宝大枣既可鲜食和制成干枣，又可制成蜜枣、熏枣、酒枣等，还可以作枣干、枣粉、枣泥、枣糕、枣酒、枣醋、枣饮料等。以大枣为主要原料制作的丰富多彩的枣食品，不仅是当地百姓的日常食品，也是常见的节日美味和待客佳品。常见的枣类食品主要有以下几种。

枣馍：灵宝人爱吃麦面馍，更爱吃包枣的玉米面馍和麦面馍。玉米面馍是用麦面粉发面，再加入玉米面，包入红枣而蒸成。麦面馍、玉米面馍均可包枣，但玉米面包枣更好吃。

枣稀饭：在稀饭锅里下枣，稀饭香甜可口。

甑糕：甑，是蒸制甑糕的传统工具，像桶，有屉子而无底，底部有许多小孔，现在仍有一些甑糕作坊仍在使用，但略有改进。甑糕，灵宝俗名叫劲糕。蒸制甑糕要用桶子铁锅。每锅约用糯米（江米）10千克，以无锡糯米为最好，也有用黍谷米的，黍谷米别有一番风味；灵宝大枣3千克，以猫头枣最好。蒸制前要淘米3次，以在

丰富多彩的灵宝枣美食文化

水中清亮，见米为度。制作方法：入夜装锅，先用囫囵枣填塞甑孔，后铺米一层，以掩枣为限。第二层枣要稍微捏破，铺放的稍密集一些。如此装至约占甑深七成，最上面疏密有间地用枣摆成简单图案。一般亥时生火，水开后上甑，加盖密封，大火紧摧。气圆以后，甑锅接缝处用面团糊严，始用文火。以后每次气圆往上加水一次，先后加水五六次之后，一夜工夫即成。

农家枣产品

枣粽子：是用笋叶或苇叶等把糯米和大枣包在一起，放在铁锅里加水蒸熟，放凉后即成。

枣饼子：是在锅里烙熟的一种家常食品，用发面包枣泥、柿泥、豆沙馅，扭褶入锅蒸熟。

枣月饼：以枣泥用温水和面加酥油包好，入炉烘烤至金黄色而成，香甜酥脆。枣月饼过去是中秋祭月的供品，如今成了人们走亲访友的礼品。枣月饼外面还会刻上"四季平安""龙凤呈祥"等吉祥祝福语。

酒枣（醉枣）：用一个大盆盛上个大、肉厚的新鲜大枣，并用清水洗净，然后喷加白酒，或将大枣浸入白酒轻轻串一下，然后密封储存在坛子里，过一段时间后即可启坛品赏。酒枣经过酒的浸泡，愈加鲜润、鲜红，有酒香，又有枣香，醇香扑鼻，鲜脆可口。用之招待贵宾也毫不逊色。

枣糕：用枣和面粉蒸制出来的一种食品，过去用于祭祀。其制作方法一般是铺置一层发面，摆放一层大枣，然后再铺置一层发面，再摆放一层大枣。层数根据需要而定，由底部往上逐渐缩小，最后顶部放置一个鸡蛋或大枣。

丰富多彩的灵宝枣产品

（二）营养丰富，药食同源

据营养学家分析，灵宝大枣有极高的营养价值。它所含的多糖碳链明显长于其他品种，具有独特作用。此外，它还含有特殊的营养成分——环核苷酸，是有机体中广泛存在的一种重要生理活性物质，是细胞内传递激素和递质作用的中介因子，起着放大激素作用和控制遗传信息的作用。临床医学表明它对冠心病、心肌梗死等心血管疾病有预防和治疗作用，还有调节神经质合成和促进激素分泌的作用。灵宝大枣还具有抗癌和抗艾滋病的生理活性。

大枣性温味甘，富含多种营养成分，具有极高的营养价值和保健功效。现代中医科学研究表明，灵宝大枣的保健作用主要表现在以下几个方面：一是增强人体免疫力，大枣中所含的丰富营养，具有较强的补养作用，对人体免疫力和抗病能力的增强有促进作用；二是增强肌力和体重；三是保护肝脏；四是抗过敏；五是镇静安神；六是抗癌和抗突变作用。民间有"五谷加红枣，胜过灵芝草"等说法。虽然有些夸张，但也说明了常食大枣对健康有益。

丰富多彩的灵宝枣产品

我国传统的养生理论强调"药食同源"，人们对灵宝大枣的利用则是对这一理论的典型实践。产妇多食大枣，可以补中益气，同时起到养血安神、加速机体恢复的作用；老年体弱者食用大枣，可以增强体质，可以延缓衰老，延年益寿；脑力劳动者及神经衰弱者，如果饮用大枣茶，则能安心守神，改善食欲。一般的茶，如果晚上过量饮用，会导致入睡困难，但如果每晚以大枣煎汤代茶，则能免除这种困扰。春秋季节将大枣与茵陈一起煎，可预防伤风感冒；夏季炎热，大枣与荷叶一起煎煮，可以利气消暑；冬季严寒，大枣与生姜红糖同煎，可以去除寒气，温肠暖胃。我国民间有许多利用大枣进行食疗养生的方法，以达到保健之目的；还有许多利用红枣防癌治病的药膳食谱。

（三）自然造美，旅游佳地

灵宝川塬古枣林及古枣树群落，造就了独特的景观特征和美学价值。无论是作为主要遗产地坐落于大王镇后地村的明清古枣林，还是散布于全市各地百姓房前屋后的古枣树群落，无论是群植还是孤植，无论是个体还是群体，都给人以美的享受。其造型各异的树干、香飘四溢的花季、满枝头的红果……构成了五彩缤纷的世界，使人赏心悦目，心旷神怡。

冬春季枣树虬曲傲枝，迎风霜而不屈，抗干旱耐瘠薄，是枣乡人的吃苦耐劳的精神。

初夏枣树繁花似锦、芳香四溢、群蜂飞舞、美不胜收，是枣乡人殷勤好客、敦厚殷实的品质。

秋季里硕果累累，果实色泽艳丽，像盏盏红灯挂满枝头，是枣乡人的和煦和热情。

果实累累

坚韧与沧桑

初夏的枣林

美好的愿望

　　规模宏大、磅礴壮观的古枣林及其周边的三门峡水库淹没区形成了四季如画的农业和生态景观。连片成规模的4 000余亩明清古枣林，恬静恢宏；周边的三门峡水库淹没区所形成的湿地及生物多样性景观，气候宜人；遗产地及周边的许家古寨、老子文化养生园、鑫瑞源休闲生态园、梨园500万袋香菇产业化生产基地、老城渡口、黄河生态廊道、千亩荷塘、明清古枣林、玫瑰园、金岭和畅果业生态园等景点，令人流连忘返；三门峡水库的老城渡口，则给游客提供了水上旅游项目。

四

先民智慧　福荫子孙

河南灵宝川塬古枣林

（一）救生良药，中华遗产

早在 2 000 多年前枣的药用价值在我国便被发现和利用了。《诗经·尔雅》中称"枣为脾之果"。我国最早的药物学著作《神农本草经》记载，枣"味甘平，主心腹邪气，安中养脾，助十二经，平胃气，通九窍，补少气少津液、身中不足、大惊四肢重，和百药，久服轻身长年。叶覆麻黄，能令出汗。生平泽"。

《本草备要》载，大枣"补中益气，滋脾土，润心肺，调营卫，缓阴血，生津液，悦颜色"。

汉代医圣张仲景所著《伤寒论》中，列有113个处方，其中有63个配方用了大枣。综合历代本草认为，大枣味甘，性温，具有补脾和胃、益气生津、滋心润肺、养血安神、悦颜色、通九窍、助十二经、和百药的功能，久服轻身延年。

唐代医学家孙思邈《千金方》："甘辛热滑，无毒……与葱同食，令人五脏不和；与鱼同食，令人腰腹痛。"

明代李时珍《本草纲目》："气味甘平，无毒，主心腹邪气，安中养脾气，平胃气，通九窍，助十二经，补少气少津液、身中不足、大惊四肢重，和百药，久服轻身延年。"

英国科学家在163个虚弱患者中做过试验，结果显示连续吃红枣的病人，健康恢复比单纯吃维生素药剂快3倍以上。因此，红枣就有了"天然维生素丸"的美誉。红枣不仅是"维生素丸"，而且是"矿物质元素库"，尤其富含锌，这是其他食物无与伦比的。锌是多种生物催化剂酶的辅酶，承担着重要的生理活性功能，当前越来越多的糖尿病、性功能下降、智力衰退、老年痴呆等患者都与缺锌有关。有人曾测定学生头发中的含锌量，发现其含量高低与学生的学习成绩呈正相关。从含锌量来说，红枣也乃果中之最。

研究表明，灵宝大枣可调气血、润心肺、补肾胃、疗热寒。枣肉所含单宁、硝酸盐、酒石酸可入西药，所含维生素P是治疗高血压的特效药物。特别是灵宝大枣中富含黄酮类物质——剂环磷酸腺苷（CAMP）、环磷酸鸟苷（CGMP）等，具有很强的抗癌作用。近年来，它已应用于治疗或者辅助治疗肝炎、高血压、贫血等病。经常食用对神经衰弱、阴虚、肝亏、消化不良、贫血等疗效显著。已研究发现的枣的药理效用主要有以下几种。

（1）防治心血管病

大枣中含有丰富的维生素C和维生素P，对于健全毛细血管、维持血管壁的弹性、抗动脉粥样硬化有益。大枣中含有环磷酸腺苷，能扩张血管，增加心肌收缩力，改善心肌营养，故可防治心血管疾病。

（2）抗肿瘤

大枣中含有能抗癌的三萜类化合物和含有使癌细胞向正常细胞转化作用的环磷酸腺苷。

（3）抗过敏

取大枣15～25枚，生食或煮熟食，一日三次，可以治疗过敏性紫癜。这是因为当人体摄入足量的环磷酸腺苷后，免疫细胞中环磷酸腺苷的含量也会升高，由此会抑制免疫反应，达到抗过敏效应。

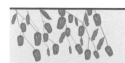

一袋大枣救人的真实故事

清末民初年间，灵宝老城人苏普万，趁着当年灵宝大枣喜获丰收，前往南方卖枣。他挑了两袋上好灵宝大枣，辗转陕西、四川、贵州，最后到了云南。由于长途跋涉，饥饱劳困，苏普万也心力憔悴，有心再往南走，却心有余而力不足，只好住在云南昭通的一家客栈里，一边休息，一边打听大枣的行情。只可惜当地人们都不认识大枣为何物，更不知大枣有何功用。

恰好昭通当地正流行瘟疫，患者先是脾胃不和，继而四肢沉重，三五天则一命归天。苏普万更是担心，心想自己大枣卖不了，别中了瘟疫，把小命给搭上了。他见染瘟疫的人都去一家医馆，但都乘兴而去，败兴而归。他就也到医馆看一看。医馆里有一老中医对苏普万说："你又没中瘟疫，你来起什么哄呢？"苏普万说："我是灵宝卖枣的，因卖不了而心急火燎"。老中医说："你是灵宝卖枣的，让我看看你的枣吧"。苏普万将老中医引到客栈，将自己的枣让老中医看，老中医惊喜地说："这下得瘟疫的人有救了！"

老中医救治瘟疫就缺灵宝大枣这一味药。苏普万和中医商量一个枣一两银子，把枣全部卖给了医馆老中医，自此，老中医开的治疗瘟疫的药，药到病除，救了无数人。

苏普万不仅顺利地卖掉了大枣，并顺利地返回家乡，也因为此次卖枣的收入，使其成为了当地富甲一方的大户。其家族后代仍为当地有名望的家族之一。

（4）解毒保肝

大枣中含有丰富的糖类和维生素C以及环磷酸腺苷等，能减轻化学药物对肝脏的损害，并有促进蛋白合成、增加血清总蛋白含量的作用。在临床上，大枣可用于慢性肝炎和早期肝硬化的辅助治疗。

（5）养血美颜

每日吃大枣三次，每次10枚，可以养血美颜。大枣配银耳炖食或煮粥食用，效果更佳。这也是由于大枣中含有丰富的维生素和铁等矿物质，能促进造血，防治贫血，使肤色红润。加之大枣中丰富的维生素C、维生素P和环磷酸腺苷能促进皮肤细胞代谢，使皮肤白皙细腻，防止色素沉着，因此大枣能起到护肤美颜的效果。

另外，食大枣对妇女更年期潮热出汗、情绪不稳有控制和调补作用。还有，大枣具有增强人体耐力和抗疲劳的作用。

(6) 增强人体免疫力

大枣含有大量的糖类物质，主要为葡萄糖，也含有果糖、蔗糖，以及由葡萄糖和果糖组成的低聚糖、阿拉伯聚糖及半乳醛聚糖等，并含有大量的维生素C、核黄素、硫胺素、胡萝卜素、尼克酸等多种维生素，具有较强的补养作用，能提高人体免疫功能，增强抗病能力。

(7) 增强肌力

实验小鼠每日灌服大枣煎剂，共3周。在游泳试验中，其游泳时间较对照组明显延长，这表明大枣有增强肌力的作用。

(8) 保护肝脏

有实验证实，对四氯化碳肝损伤的家兔，每日喂给大枣煎剂共1周，结果血清总蛋白与白蛋白较对照组明显增加，表明大枣有保肝作用。

(9) 镇静安神

大枣中所含有的黄酮——双葡萄糖苷A有镇静、催眠和降压作用，其中被分离出的柚配质C糖苷类有中枢抑制作用，即降低自发运动及刺激反射作用，故大枣具有安神、镇静之功。

(10) 抗癌，抗突变

大枣含多种三萜类化合物，其中烨木酸、山楂酸均发现有抗癌活性，对肉瘤S-180有抑制作用。枣中所含的营养素能够增强人体免疫功能，对于防癌抗癌和维持人体脏腑功能都有一定效果。

◎大枣的药用价值

中国的草药书籍中记载到，大枣味甘性温、归脾胃经，有补中益气、养血安神、缓和药性的功能；而现代的药理学则发现，红枣含有蛋白质、糖类、有机酸、维生素A、维生素C、多种微量钙以及氨基酸等丰富的营养成分。

1．枣能提高人体免疫力，并可抑制癌细胞。药理研究发现，红枣能促进白细胞的生成，降低血清胆固醇，提高人血白蛋白，保护肝脏，红枣中还含有抑制癌细胞，甚至可使癌细胞向正常细胞转化的物质。

2．经常食用鲜枣的人很少患胆结石，这是因为鲜枣中丰富的维生素C，使体内多余的胆固醇转变为胆汁酸，胆固醇少了，结石形成的概率也就随之降低。

3．对病后体虚的人也有良好的滋补作用。

4．枣所含的芦丁，能使血管软化，从而降低血压，对高血压病有防治功效。

5．抗过敏，除腥臭、怪味，宁心安神，益智健脑，增强食欲。

6．能很好地增强肌力、消除疲劳、扩张血管、增加心肌收缩力、改善心肌营养。

7．大枣含有大量的糖类物质，主要为葡萄糖，还含有果糖、蔗糖及由葡萄糖和果糖组成的低聚糖、阿拉伯聚糖及半乳醛聚糖等；并含有大量的维生素C、核黄素、硫胺素、胡萝卜素、尼克酸等多种维生素。具有较强的补养作用，能提高人体免疫功能，增强抗病能力。

8．实验小鼠每日灌服大枣煎剂，共3周，体重的增加较对照组明显升高，并且在游泳试验中，其游泳时间较对照组明显延长，这表明大枣有增强肌力和增加体重的作用。

9．有实验证实，对四氯化碳肝损伤的家兔，每日喂给大枣煎剂共1周，结果血清总蛋白与白蛋白较对照组明显增加，表明大枣有保肝作用。

10．大枣乙醇提取物对特异反应性疾病，能抑制抗体的产生，对小鼠反应性抗体也有抑制作用，提示大枣具有抗变态反应作用。

11．大枣中含有的黄酮——双-葡萄糖苷A有镇静、催眠和降压作用，其中被分离出的柚配质C糖苷类有中枢抑制作用，即降低自发运动及刺激反射作用，故大枣具有安神、镇静之功。

12．大枣含多种三萜类化合物，其中桦木酸、山楂酸均发现有抗癌活性，对肉瘤S-180有抑制作用。枣中所含的营养素，能够增强人体免疫功能，对于防癌抗癌和维持人体脏腑功能都有一定效果。

13. 红枣又称大枣、干枣、枣子等。红枣富含蛋白质、脂肪、糖类、胡萝卜素、B族维生素、维生素C、维生素P以及磷、钙、铁等成分，其中维生素C的含量在果品中名列前茅，有"天然维生素丸"之美称。

14. 红枣富含的环磷酸腺苷，是人体能量代谢的必需物质，能增强肌力、消除疲劳、扩张血管、增加心肌收缩力、改善心肌营养，对防治心血管疾病有良好的作用。

15. 红枣具有补虚益气、养血安神、健脾和胃等功效，是脾胃虚弱、气血不足、倦怠无力、失眠等患者良好的保健品。

16. 红枣对急慢性肝炎、肝硬化、贫血、过敏性紫癜等症有较好疗效。

17. 红枣含有三萜类化合物及环磷酸腺苷，有较强的抑癌、抗过敏作用。

（二）养生佳品，滋体健身

我国也是最早将枣用于养生的国家，其中最典型的例子是关于汉武帝的记载。据司马迁《史记》记载，传汉武帝崇尚黄老之学，有一道士李少君擅长生之术，武帝待其为上宾。李少君曾对汉武帝说食枣有益于成仙，他亲眼所见海上的神仙吃的就是奇异的"仙枣"。为此，汉武帝在祭祀太一时，就以李少君弟子宽舒为祠官，并听从他的安排，在祭品中"而加醴枣脯之属"。

另据《晏子春秋》记载，"景公谓晏子曰：'东海之中，有水而赤，其中有枣，华而不实，何也？'晏子对曰：'昔者秦缪公乘龙舟而理天下，以黄布裹烝枣，至东海而捐其布，破黄布，故水赤；蒸枣，故华而不实。'公曰：'吾详问，子何为？'对曰：'婴闻之，详问者，亦详对之也！'"

《随居园饮食谱》中载，红枣"鲜者甘凉。刮肠胃，助湿热。干者甘温补脾养胃，滋营充液，润肺，食之耐饥……以北产大而坚实肉厚者，补力最胜"。

我国人民在长期的生活实践中，早就认识到了大枣具有丰富的营养物质，是上等的滋补佳品。《北梦琐言》载有一则故事："河中永乐县出枣，世传得枣无核者食可度世，里有苏氏女获而食之，不食五谷，年五十嫁，颜如处子。"《贾氏说林》曰："昔有人得安期大枣，在大河之南煮三日始熟，香闻十里，死者生，病者起。"诸多传说，反映了大枣的奇功和人们对枣的珍爱。除此之外，民间也有食枣养生的说法，常见的谚语有"一日食三枣，郎中不用找""门前一颗枣，红颜直到老""要想皮肤好，粥里加红枣""五谷加小枣，胜似灵芝草""一日吃三枣，终生不显老""宁可三日无肉，不可一日无枣"等。

现代测定证实，灵宝大枣含有丰富的营养物质，极具养生价值。灵宝大枣含有皂苷、生物碱、黄酮、氨基酸、糖、维生素、有机酸等人体所需要的 18 种氨基酸和多种维生素；果实可食率 96.7%～97.7%，含糖量在 22.5% 以上，含酸量 0.33%，含蛋白质约 3.3%，另含维生素 C、维生素 B_2、胡萝卜素，以及钙、磷、铁等元素；维生素含量是柑橘的 10 倍、苹果的 75 倍左右、桃子的 100 多倍；据分析，来自果肉中测出水溶性浸出物 62.5%，在水浸出物中含有 D-果糖约 30.8%，D-葡萄糖约 32.5%，蔗糖约 8.8%，果糖和葡萄糖的低聚糖及半乳糖醛酸聚糖少量；此外，还含少量苹果酸、树脂、香豆素类衍生物及多种氨基酸。

丰富多彩的灵宝枣产品

◎大枣的保健养生价值

1. 食疗保健。大枣性温、味甘，具益气补血、健脾和胃、祛风功效，对治疗过敏性紫癜、贫血、高血压、急慢性肝炎和肝硬化患者的血清转氨酶增高，以及预防输血反应等均有理想效果；大枣含有三萜类化合物及环磷酸腺苷，有较强的抑癌、抗过敏作用。枣中含有抗疲劳作用的物质，能增强人的耐力，枣还具有减轻毒性物质对肝脏损害的功效。枣中的黄酮类化合物，有镇静降血压的作用。

2．美容作用。大枣具有养颜补血的作用，会令面色红润。如果经常用红枣煮粥或者煲汤，能够促进人体造血，可有效预防贫血，使肌肤越来越红润。

3．美白祛斑。大枣中含有丰富的维生素C和环 - 磷酸腺苷，能够促进肌肤细胞的代谢，防止黑色素沉着，让肌肤越来越洁白细滑，达到美白肌肤、祛斑的美容护肤功效。

4．延缓衰老。大枣能够养血安神、滋补脾胃，如果年老体弱的人群经常食用，能增强体质、延缓衰老；如果上班族食用，能增强食欲、缓解紧张情绪；如果晚上泡一杯红枣茶，可有效治疗失眠。

5．补气养血。据中国的草药书籍中记载，红枣味甘性温、脾胃经，有补中益气，养血安神，缓和药性的功能。现代药理研究发现，红枣能使血中含氧量增强、滋养全身细胞，是一种药效缓和的强壮剂。

（三）抗逆抗虫，赈荒作物

历经数千年的传承，枣树已被证明具有优良的抗逆抗虫赈荒作物。《齐民要术》记载，"旱涝之地，不任稼穑者，种枣则任矣"。表明在旱涝瘠薄之地，其他作物均无法种植，仅可以种植枣树，并将其作为主要农作物。表明枣树具有优良的抗旱耐涝耐瘠薄的特征。

　　《三国志·魏志·李傕郭汜传》记载，"是时蝗虫起，岁旱无谷，从官食枣菜。诸将不能相率，上下乱，粮食尽"。《三国演义》第十三回，"是岁大荒，百姓皆食枣菜，饿莩遍野"。这些记载不仅表明枣树的抗旱抗逆特征，也表明枣树具有优良的抵抗蝗虫危害的特征。

　　据《韩非子·外储说右下·说二》记载，"秦大饥，应侯请曰：'五苑之草著、蔬菜、橡果、枣栗，足以活民，请发之。'"《后汉书·邓禹传》记载，"赤眉复还入长安，禹与战，败走，至高陵，军士饥饿者，皆食枣菜"。这些不仅表明枣在战乱年代成为兵士充饥的重要食物，也是旱涝蝗灾年份百姓的重要救灾食物。

　　灵宝大枣的适应性和抗逆性都非常强，适枣地区特别广泛，被称为"铁杆庄稼"。灵宝大枣的川塬古枣林，多数位于沙土干旱的瘠

抗旱耐瘠

薄地带，少数属于盐碱地，然而枣树仍能长年生长，显示了其优良的抗逆耐瘠特征。其中枣树的抗旱性尤为突出，不仅耐旱，且能在干旱条件下正常生长结果。如2017年灵宝辖区大旱，川塬古枣林持续高温干旱，秋旱农作物几乎绝收，核桃、苹果园出现焦梢并严重减产，而川塬古枣林却获得大丰收。

另外，灵宝大枣的耐涝特征也被近代的农业生产所证实。1959年12月至1960年4月，黄河三门峡大坝第一次拦洪，老城后地村的部分枣树树干被黄河水淹没，有的树冠被淹没2/3，而在水退后，当年枣树仍能开花结果，并取得了较好的收成。

五

中华文化　亦道亦枣

（一）文化重镇

河南灵宝川塬古枣林遗产地河南省灵宝市地处黄河中游，属中华文明发祥地之一，位居豫秦晋三省交界的枢纽地带。境内的函谷关形成一道天然屏障，是古代通洛阳、达长安、连京都、接帝畿的要冲，为历代兵家必争之地。

铸鼎原

早在约170万年前的旧石器时代，先民们就在灵宝点燃了人类文明的圣火，在这块古老的土地上繁衍生息。特别是近5 000～6 000年，灵宝这一地域，已出现了灿烂的仰韶文化和龙山文化，留下了三皇五帝众多的历史传说。

据最近的考古挖掘，在河南灵宝"铸鼎原"一带，发现了公元前3 000年前的北阳平等面积近百万米^{2}的大型聚落；并以此为中心，

铸鼎原

发现了近300千米²的裴李岗文化、仰韶文化与龙山文化遗址118处。进一步的研究表明,"铸鼎原"已成为中华民族始祖轩辕黄帝统一中原后的建都之所,成为中华民族最初的政治经济文化中心。李白、杜甫、白居易等著名诗人都曾在此留墨。

有关灵宝最早的记载始于虞夏,属豫州。商为桃林,曾有武王克殷后,"放牛于桃林之野"的记载,此时桃林即灵宝地区,属豫州。周称桃林塞(又名柏古,泛指函谷关以西至潼关一带),置函谷关,属虢。周惠王二十二年(公元前655年),晋人假道于虞灭虢,属晋。威烈王二十三年(前403年),赵、韩、魏三家分晋,属韩。秦初为胡关地、函谷关地,属三川郡(今洛阳)。汉元鼎三年(前114年),在古函谷关置弘农县(以弘农涧河得名),此为灵宝有县之始。按《汉书·地理志》载:"弘农,故秦函谷关。"即汉弘农县为秦函谷关城。据《太平寰宇记》记载:"本秦桃林县,汉为弘农县地。按汉县在今县西南二十里函谷故关城是也。"此前,在胡关地置胡县(时间不详,以水得名),此为阌乡有县之始,汉武帝建元元年(前140年)更名湖,属京兆郡(今西安)。此后直至北周朝明帝二年(558年),改为阌乡县。

唐代是弘农县历史上的重大转变时期,即灵宝县的设置。"……唐开元末,其地得天宝灵符,因改元天宝,兼改此县为灵宝焉。"宋代时灵宝仍为陕州属县,而弘农为虢州州治不改。到北宋时,弘农县先改为常农,后以州名改为虢略。至元十年(1273年),省朱阳、虢略入灵宝,至此,灵宝地区仅有灵宝、阌乡二县,属河南省陕州。清代,灵宝、阌乡属河南省陕州。民国初,灵宝、阌乡属豫西道。民国二十二年(1933)属河南省第十一行政区。

新中国成立后,原灵宝、阌乡二县属陕州专区。1952年,撤销陕州专区后,属洛阳专区。1954年,灵宝、阌乡二县合并,仍名灵宝县,治所在灵宝旧城。1959年,因三门峡水库拦洪,县城移至虢略镇。1986年撤销洛阳专区，灵宝县属三门峡市，1993年经国务院批准，灵宝撤县设市。

灵宝更是一个军事重镇。遗产地中间的函谷关，是我国古代建置最早的雄关要隘之一。该要塞建于春秋战国之际。"因在谷中，深险如函而得名。东自崤山，西至潼津，通名函谷，号称天险"。函谷关扼守崤函咽喉，西接衡岭，东临绝涧，南依秦岭，北濒黄河，地势险要，道路狭窄，素有"车不方轨，马不并辔"之称。《太平寰宇记》中称"其城北带河，南依山，周回五里余四十步，高二丈"。关城宏大雄伟，关楼倚金迭碧，因其地处桃林塞之中枢，崤函古道之咽喉，素有"天开函谷壮关中，万古惊尘向此空"（唐·胡宿诗），"双峰高耸太河旁，自古函谷一战场"（金·辛愿诗），"一夫当关，万夫莫开"之说。

"因塞设关，因关设城，关城合一"奠定了灵宝作为一个军事重镇的战略定位。其中因塞设关的历史长达3 000余年，因关

函谷关

函谷关俯视

函谷古道

函谷关附近的枣林

设城的历史约2 000余年。据历史记载，发生在函谷关古代历史上有较大影响的战争便有14次，包括发生在春秋前1 000多年前的出谷会师之战及之后的虢公败戎、修鱼之战、割城求和、无忌讨秦、庞暖征秦、秦败五国、周文入关、绕关灭秦、黥布破关、绕关平乱、弘农大战、桃林大战，以及明末农民起义军李自成商洛整军后的二出函谷之战等，这还不包括近现代的张钫出关、关前抗日、解放灵宝三次战争等。

值得一提的是，历史上为争夺处于遗产地周边的函谷关所发生的历次大型战争，其对当地战场的破坏，首当其冲的便是作为战争要冲和军队驻扎地的枣园。而伴随战争的发生与结束，枣园则在毁灭和重建中轮回，使其作为珍贵的历次战争的遗产，成为军事景观的重要活化石。

（二）道家之源

据《史记》记载，春秋末期，柱下史老子李聃看到周室将衰，西渡隐居。公元前491年，函谷关令尹喜，清早从家里出门，站在一个土台上（现瞻紫楼）看见东方紫气腾腾，霞光万道，观天象奇景，欣喜若狂，大呼"紫气东来，必有异人通过"。忙令关吏清扫街道，恭候异人。果然，见一老翁银发飘逸，气宇轩昂，并且背骑青牛向关门走来。尹喜忙上前迎接，通报姓名后，诚邀才子在此小住。才子欣然从命，在此著写了彪炳千秋的洋洋五千言《道德经》，从而使函谷关成为了道家文化的发源地。

　　自老子在函谷关内太初宫写下了被称为"万经之王"的《道德经》开始，上至皇帝高官，下至黎民百姓，都对这部经典著作有着

函谷关与老子

极大的研究热情。据不完全统计,有史料记载的版本达1 800多种。不仅在国内影响广泛深远,而且在公元七世纪便以梵文传到国外,18世纪传至欧美各国,以后逐渐风靡世界。德国著名哲学家黑格尔曾指出:"中国哲学中另一个特异的派别……是以思辨作为它的特征。这派的主要概念是道,这就是理性。这派哲学与哲学密切联系的生活方式的发挥者是老子。"法国哲学家尼采说:"《道德经》像一个永不枯竭的井泉,满载宝藏,放下汲桶,唾手可得。"美国前总统里根在其1987年的国情咨文中,曾引用老子"治大国若烹小鲜"的名言来阐述他的治国方略。老子思想博大精深,蕴含丰富,涉及天、地、人各个方面,在政治、经济、军事、艺术、伦理、养生等领域都有独到的见解和智慧的光焰。

作为道家文化的发源地,其在哲学方面的成就及世界影响不仅是国际学术文化界追根溯源的重要遗产地,有关《道德经》和道教文化的相关文化遗产景观也为处于明清古枣林周边的景观文化增添了绚丽的色彩。

除此之外,作为历史文化名关,很多名人墨客在此留下了遗闻传说、名句名篇。"紫气东来""仙丹救民""白马非马""终军弃繻""鸡鸣狗盗""玄宗改元"等典故就发生在这里。自汉代至明、清,流传下来的有关函谷关的诗篇达数百首之多,其中有唐太宗李世民、唐玄宗李隆基、贵妃杨玉环的诗篇,还有李白、杜甫、白居易、刘禹锡、岑参、韩愈、韦应物、元好问、李清照、辛愿等诗文巨匠的杰作。

(三) 枣文化之乡

灵宝大枣声誉流长,一代女皇武则天就是因为爱黄河气势豪迈,爱枣林风光宜人，才在大王镇后地村修皇城，建行宫。至今，皇城的根基还依稀可见，现在群众中还传诵着"武则天爱灵宝，大修皇城"的民谣；古典名著《红楼梦》中就提到用灵宝大枣做的枣泥点心作供品，送进皇宫让皇帝及嫔妃们享用；有人传说杨贵妃因喜食灵宝大枣而长得天姿国色，美艳如玉；《鲁迅西行记》中记载，1924年9月15日，鲁迅乘火车到陕州，又由陕州坐航船到灵宝，一上岸看到一望无际的枣林，红艳艳的大枣挂满枝头，情不自禁地说"号称桃林，不见桃树，只见大枣累累"。鲁迅此行是为了撰写《杨贵妃传》，来到灵宝后，深情赞美："真不愧是美人出生的地方"。后来在谈到灵宝大枣时，鲁迅赞曰："灵宝大枣品质极佳，为南中所无法购得"。著名作家、翻译家曹靖华也曾赋诗赞美灵宝大枣道："顽猴探头树枝间，蟠桃哪有灵枣鲜"。当地流传着"五谷加红枣，胜似灵芝草；每日食三枣，百岁不显老"的顺口溜。

丰富多样的灵宝枣文化

　　枣文化也体现在以大枣为特色的地方特色文化中。民间常把枣食品做成艺术品，姑娘出嫁要蒸枣糕，花、鸟、虫、鱼等各种面塑集于一身，表示喜庆和吉祥。民间在新婚被褥里缝进大枣和花生，祝福新人枣（早）生贵子，生活甜蜜。过年的时候将红枣洗净，与面粉蒸在一起做成花形面糕，当地称之为枣糕（高），送给自己的亲朋好友，意思是希望对方步步高升。

　　在以大枣为特色食品及地方特色文化中，尤以灵宝面塑为特色。据传，明时灵宝已经用面捏花，民间称面塑为"花馍""窝窝花"，它与当地的民俗紧密相连。早期，面塑是人们赶庙会时用来拜神的祭品，后来，在四时八节被沿用为儿女婚嫁、小孩百天、老人祝寿等，都有特定的面花相伴。人们只要一看面花的形状、颜色就知道要派什么用场。面花的造型和染色都有其一定的含义。例如，结婚时男方送给女方的糕花称平花，把面花直接做在面糕上，不染色，给人以婚后朴实之感。女方回送给男方的糕花称为高花，把捏好的面花染上五颜六色后，用签插在面糕上，五彩缤纷，精巧美丽。这些糕花拼凑成各种不同的图案，有二龙戏珠、游龙戏凤、龙凤呈祥、百鸟朝凤、凤凰戏牡丹、百花向阳、早生贵子等，祝愿男女婚姻美

灵宝枣面塑文化

满，生儿成龙，育女成凤。逢年过节，还要捏些花馍，与艾叶、石榴、桃等供奉祖先。面花制作，都要请村中的巧妇，选用上等面粉，先把生面捏成各种花鸟鱼虫及不同的小动物，经过装配点染，上笼蒸熟，便成为千姿百态、形象逼真、栩栩如生的面花了。

（四）灵宝枣俗

1. 灵宝大枣食俗

灵宝大枣又称灵宝圆枣、灵宝木头疙瘩枣，其特点是枣大、甘甜、肉厚、核小，富有弹性，既是佳美干、鲜果品，又是上好的滋补品、药品。当地群众采用各种方法将灵宝大枣的使用和利用发挥得淋漓尽致，衍生出了种类丰富的传统大枣食品。大枣稀饭、枣馍、枣角、枣馅黄馍、枣饼子、枣粽子、枣豆沙包子、枣焖饭、枣甑糕等家常饭食和节日食品都十分香甜可口。灵宝大枣在当地食俗中扮演了重要角色。

2. 灵宝大枣民俗

灵宝盛产灵宝大枣，全市各处都栽有灵宝大枣。初夏，枣花淡淡飘香，沁人心醉，蜂蝶萦绕，气氛热闹。秋季枣红枝头，艳若玛瑙，令人向往。人们爱吃枣，很多习俗都和灵宝大枣有关，尤其是人们对灵宝大枣寄托着一种希望，寄托着一种喜庆，寄托着一种吉祥，把它和喜庆联系在一起。祝福、祝寿、贺年、贺喜都离不开灵宝大枣。

八月十五中秋祭月时，祭品除月饼、梨、苹果外必须有灵宝大枣。鲜枣是时令果品，甜甜脆脆。收枣时，农户无论再忙也要醉一坛酒枣，人们选个大、色艳、熟透、整齐的灵宝大枣，置酒碗里过一遍，随即入坛密封，置阴凉处存放。过春节时开坛，酒香沁人。酒枣鲜亮发光，咬一颗脆凉香甜，是春节招待贵客的上好食品。

腊月二十三，过小年，要送枣（灶）神，要蒸枣山。蒸枣山是将白面圈成圈，加上枣，垒成山形蒸熟，然后敬献枣神。这种枣山要到正月十五献过之后才可食用，枣山既是食品又是艺术品，正月里拜年的人，都要欣赏主妇的绝妙艺术。

端午节包粽子是必不可少的民俗，首先要预备好米（大米、小米或黍米），主妇们将米浸泡一天后放到粽叶上，然后加三五个灵宝大枣，包好粽叶，放锅里蒸40分钟，香甜可口的枣粽子就做好了。

枣儿色红味甜，其发音又与"早"字同音，因此，常用于象征吉利。新婚之日，母亲要在洞房炕头四间炕单下压上红枣、花生，这叫"压四间"，盼媳妇"早生贵子"。花烛之夜，新郎新娘要吃红枣，婚宴上要吃枣糕，表示红天火地喜庆良缘。

红枣是老年人的补品，中医记载：红枣可养血、养颜、益寿。民间有俗语云："人老一日吃三枣，永葆青春不显老。"秋冬季节老年人经常煮红枣吃，能和脾胃，补心血，治劳损。给老人庆寿，要特意蒸一个大寿枣糕，以示庆贺。

3. 灵宝大枣礼俗

灵宝大枣作为礼物，送给当事人。在灵宝，亲朋好友来临，主人首先把最好的红枣捧给客人品赏；灵宝市人走亲访友时，红枣是上等礼品。

老人去世，亲戚吊唁要拿枣花馍作为礼馍。这种馍是蒸制的花模馍、果型馍，上边扎有枣，既表示哀悼，又祝逝者早渡轮回，再转人世。

除此之外，枣农家心灵手巧的媳妇还用红枣制成各种形状的工艺品，有枣串串、枣筐筐、枣牌牌等，精巧玲珑，创意非凡。逢年过节将它们摆放或悬挂在室内墙上，增加节日气氛。

◎ "枣"生贵子的传说

传说在人烟稀少的黄河岸边住着一对老夫妇，二人均年过花甲，眼瞎耳聋，行动不便。有一天，不知从哪里来了一对年轻夫妻，这对年轻夫妻和这一对老夫妻比邻而居。后来这对老夫妻年事越来越高，不仅不能务农劳作，连自己的生活也不能自理。这对年轻夫妇就像对待父母一样赡养两位老人，直到两位老人咽下最后一口气，埋葬了老两口。小两口正想着种些什么，可这荒凉的黄河岸边，种什么也长不好啊。

小两口正为此事着急，急得连饭也吃不下，觉也睡不好。晚上小两口都做了一个梦，梦见一位骑青牛的老者，告诉他们在黄河岸边的沙地栽植枣树，种植花生。一觉醒来，媳妇说她做了个梦，丈夫说他也做了个梦，两人把梦互相一说，完全一致。小两口照梦中老人指点的那样栽培枣树，种植花生。

桃三年杏四年，枣树当年就生钱。花生果儿圆又圆，秋后花生一串串。这个荒凉、黄沙遍布的黄河南岸的小村庄，一年比一年兴旺发达。过去黄沙遍地、飞沙满天的地方变得绿树葱葱，环境优美，人也一天比一天多，小村子也变得热闹起来。又过了几年，这夫妻的孩子要结婚了，村民们都来帮忙。

大喜日子的早上，一个八九十岁的白胡子老头，骑着一头青牛来到门前，打听到结婚的就是这一家，才悠然自得地走进了大门。夫妻俩急忙问候，请老人喝茶饮酒。老人从招待客人的果盘里抓了一把灵宝大枣，又抓了一把花生，径直走进新房里，把枣和花生放到床的四角，便大喝："早生贵子。"然后飘然而去，不知踪迹。帮忙的邻居都不知所措。到了来年春天，新娘果不其然，生了一对双胞胎。

至此人们才醒悟，枣和花生是早（枣）生贵子。那个白胡子老人，骑青牛而来，一定是老子。又有人说，夫妻二人为孤寡老人送终，老天有眼，反给他们送来了一对双胞胎。

从此，当地老百姓只要有结婚的，就在新房里放上大枣和花生，这个习俗一直流传至今。

六

生态屏障　保土济民

河南灵宝川塬古枣林

（一）适应环境，抗旱耐涝

　　灵宝属暖温带大陆性半湿润季风型气候。冬季寒冷少雨雪，春季干旱多大风，夏季炎热雨集中，秋季凉爽多晴和，气候温和，四季分明。年平均气温13.8℃，极值高温42.7℃，极值低温−17℃，日平均气温大于10℃的日数为182～210天。积温3 370～4 620℃，无霜期199～215天。日照率为50%～54%。年平均降水量为619.5毫米，年平均日照时数2 278小时，占全年日照时数的51%，年辐射总量为120.1千卡/厘米^2，属高值区，光合潜力很大。自然条件适合枣树生长。

　　灵宝川塬古枣林及古枣树群落，在灵宝千百年来大面积存活发展，这与其枣树的特性是分不开的。枣树适应性和抗逆性极强，既抗严寒又耐高温，既抗旱又耐涝，既抗盐碱又耐酸，尤以抗旱性最为突出。枣树结果早，移植枣树当年就可挂果，花量大，花期长，经济效益好，丰产潜力大，稳产性强，经济寿命长。枣树的这些特性，决定了它是集经济效益、生态效益为一体的优良树种。在我国干旱、半干旱地区种植，枣树能增加绿色植被，防风固沙，保持水

枣荷相映

强大的适应能力

土，改善生态环境，是理想的绿化树种之一。枣树在盛花期（6月下旬—7月上旬）对气候条件要求较高，需要较高的温度和晴朗的天气，以利于开花、授粉和坐果，而这一时期灵宝正是十年九旱、天气晴好的阶段。光照充足、日照时间长、昼夜温差大、降水偏少的气候条件正是灵宝市六七月份的气候特点。

枣树适生气候条件及灵宝气候条件

项目	适生范围	灵宝数值
年均温（℃）	6.5～23	13.8
花期均温（℃）	≥23～25	28
最低温度（℃）	≥−36	−17
无霜期	≥100	199～215
年降水量（毫米）	200～2000	619.5
年日照时数（小时）	≥1 100	2 278

枣树是一种抗旱、耐盐碱和耐贫瘠的生存能力很强的树种，在许多作物难以存活的山川沙滩、沙土壤地区均可生长。枣树的水平根系比较发达，且毛根所占比重特别大，根系可吸水总面积相当大。枣树的根、茎、枝表层下均有木栓形成层，经过连续分泌形成不透水层，可有效阻止水分外散。灵宝地处黄土高原的东部边沿，土层深厚（枣树适生土层深度≥30厘米），栽培枣树的黄河岸边为风沙土，pH范围为8.2～8.5（枣树适生pH范围为4.5～8.4），在枣树的耐受范围，也适宜枣树的生长。据研究记载，在土层深厚、肥沃的土壤中，枣树生长健壮，果实丰产优质，寿命也较长。而黄河岸边的风沙土中，开挖1米左右，深层土全为积淀土，类似于中壤。

（二）保水保土，改良土壤

中国是世界水土流失面积最大、强度最严重的国家之一。据估计，全国水土流失面积达356万千米^2。其中黄土高原、黄河狭长地带是水土流失最为严重的地区，其水土流失面积已超过43万千米^2，其中水土流失最严重的水土流失面积为11万千米^2。

灵宝位于黄土高原的东部边缘，崤山、秦岭山地的北麓。境内有河南省最高的山脉。地势由南向北倾斜，地形沟壑、川塬交错。气候属于典型的暖温带大陆性季风型气候。枣树生长最重要的季节6～9月降水量占全年降水量的70%以上，并多以雷雨、阵雨形式出现；且年度间和年度内降水量变化极大，丰水年降水量达到1 598毫米，弱水年仅235毫米。这一地貌及降水特征极易引发山洪及水土流失。

优良保土能力的古枣树　　　　　　　古枣树强大的根系

灵宝川塬古枣林位于黄河沿岸的风沙土地带，属片沙覆盖的黄土丘陵坡阶地，降水量主要集中在夏季，冬季降水量仅占全年的20%左右，常遇春旱，全年多大风，特别是冬春风沙危害严重，风速最高可达6～8级；土壤以风沙土为主，风沙灾害严重，生态环境恶劣。

灵宝川塬古枣林本身就是一个绿色屏障，可有效调节枣园小气候的温度和湿度。灵宝枣树是抗旱性很强的树种，需水不多，适宜生长在贫瘠的土壤，树体生长缓慢，木质坚硬细密，生长周期长，同时也耐涝，抗盐碱，适应性极强，栽培成本低。

灵宝枣树的根系发达、深远。研究表明，一株3米高的枣树，其根系可延伸至10米多。虽然强大的水平根赋予了枣树保持水土的良好生物学特征，但灵宝枣树也具有极为发达的垂直根系，从而使灵宝枣树具有了较强的抗旱、抗涝和水土保持特征。同时，其树干高大，可达10多米。树冠较大，植被覆盖度高，水平根向四面八方伸展能力较强，起到了良好的保持水土、防风固沙作用。

研究表明，枣林可有效降低风速28.6%～45.5%，起到防风固沙作用；生长季，林下温度降低3.2～4.6℃，湿度增加3.6%～8.9%，有效降低土壤水分蒸发率；枣树的凋落物可改善土地质地，增加通气性，增加土壤持水力和有机质含量。枣树的这些功能改善了干旱、贫瘠的生态环境，丰富了生态系统的生物多样性，增强了生态系统的稳定性，也提高了生态系统物质和能量的循环速度。

丰收的沙土地

另外，在枣树的生长过程中，伴随着植物土壤物质转化过程，植物吸收土壤中的有机质合成为有机元素，同时使其枯落物回归大地，在微生物的作用下，分解释放养分进入土壤。同时植物根系的物理化学作用，使土壤中各种必要元素处于可利用状态，从而逐步改善土壤肥力。

（三）涵养水源，保护生态

　　枣树的水循环系统是枣树生态系统的重要组成部分，也是该系统中物质能量循环的载体。黄河坡阶地的风沙土壤由于长期干旱，枣树主要靠大气降水来获得所需水分，其通过自身的生理特性形成了环境截流和储存水分的能力，以满足于自身的生长需求。具体来讲，

涵养水源，保护生态

枣树的树干高大，树冠庞大郁闭，叶面积指数很高，从而使其冠层对雨水的节流能力强，显示枣树涵养水源能力明显强于其他植物。

　　林冠截流是枣树涵养水源的重要途径，降水会被枣树林充分蓄积和重新分配，林冠层拦截，吸收的降水实现了主要的水源涵养作用。林落物持水是枣树涵养水源的又一途径。那些穿过树冠层，而落到地面的雨水，则通过地面的枯枝落叶实现了吸收蓄积。枣树属落叶乔木，其枯枝落叶等凋落物在林下积累、分解，使土壤中的有机质大大增加，从而改善土壤质地，增加土壤的通透性。枣树的毛细根是枣树涵养水源的又一途径。枣树匍匐根、水平根发达，这些水分通过根管吸收，然后运至各个部位，以供枣树正常开花结果。

　　另外，古枣园、古枣林由于栽植比较稀疏，为其他物种生存提供了空间，同时枣树枝繁叶茂，形成遮阴，为其他喜阴植物提供了应有的空间，可种马铃薯、黄豆、谷子、甘薯，并可以散放家禽，起到充分利用、各取所需的效果。

（四）主导产业，发展经济

灵宝大枣的国内外美誉，为灵宝川塬古枣林及古枣树群落的发展带来重要的机遇。中华人民共和国成立以来，灵宝大枣曾通过成都、昆明销往缅甸。灵宝大枣在陕西、四川等地颇负盛名，并多次参加国际博览会。灵宝大枣是全国农业展览馆的固定展品。早在1915年，灵宝大枣作为河南名产，因和贵州茅台、泸州老窖、镇江香醋等同时获得"巴拿马万国博览会金奖"而享誉全球。在巴拿马国际博览会展出时，世界各国不同肤色朋友前往参观，大家一致称赞："中国河南大枣好！"。博览会结束时，所展览大枣被国外游客抢购一空。中国河南灵宝大枣于2000年9月在国家林业局组织的2000年首届乐陵交易会上，荣获干枣类金奖，2005年被国家命名为国家地理标志产品。

政府对灵宝大枣产业的扶持，是河南灵宝川塬古枣林及古枣树群落得以保护发展的重要保障。灵宝在林业生态产业建设中，将枣树作为发展特色经济林和持续产业，给予政策优惠。全灵宝市年产鲜枣9 705万千克，为大枣的深加工提供了充足的原料来源。2000年，灵宝农业产业化规模进一步壮大。作为灵宝大枣主要产地之一的大王镇，1988年，大枣年产量仅为0.87万吨，占该地区果品总产量的12.2%；各年灵宝大枣产量稳步增加，到2000年，大枣年产量达到6.79万吨，是1988年大枣产量的7.8倍。1988—2000年，大枣产量占果品总产量的比重呈显著波动趋势，但从1996年开始，该比重稳步提升。到2000年，灵宝大枣年产量占该地区果品总产量的14.5%，成为灵宝主要农业产业之一。

据2000年对南方5省8个枣类批发销售市场的调查发现，这些批发市场中，最小的年销售量在1 000万千克以上，最大的年销售量在

3 000万千克以上，品种多为河北、山西、山东、陕西的枣类，其个头、品质均不及灵宝大枣。目前，灵宝大枣全市年总产量远远赶不上南方最小批发销售市场的年销售量。由此看来，灵宝大枣商机潜力巨大，市场前景非常广阔。灵宝大枣在国外也有较大市场，我国干枣及枣加工产品已成为大量出口的传统土特产，每年出口量约1万吨左右，大枣干枣品出口价格平均达到每吨2 300美元。其经济效益非常可观。

主导产业，发展经济态

七

匠心独运 传承创新

（一）匠心独运

中国古代的枣树栽培技术是中华民族对全人类园艺技术的贡献。例如在枣园管理方面，《齐民要术》强调，"地不耕也，欲令牛马履践，令净。"其解释说："枣性坚强，不宜苗稼，是以不耕；荒秽则虫生，所以须净；地坚饶实，故宜践也。"由于枣树的适应性强，不论酸性土壤还是碱性土壤都能生长，且比较耐旱、耐涝。

初秋的大枣园

对于一些不适合种庄稼的地方，《齐民要术》又记，"旱涝之地，不任耕稼者，历落种枣，则任矣，枣性燥故也"，意即不能种庄稼的零星土地，可以用来种枣，因为枣树不怕干燥。

关于选种及种苗繁育，《齐民要术》中记载，"常选好味者，留栽之"。凡用实生育苗的，则称为"种"，说明当时已有分苗繁殖技术。明邝璠的《便民图纂》中记载，"将根上春间发起小条移，候干如酒盅大，三月终，以生树贴接之，则结子繁而大。"又法："选中好者二月间种之，候芽生高，则移栽。"清汪灏的《广群芽谱》记载，"分株，选味佳者，留作栽，候叶始生，取大株旁条二、三尺①高者移种。"这些都说明枣树长期以来，还是以根蘖分株繁殖为主，或用分株育成砧木，再用良种嫁接。同时，也不废除实生繁殖。

关于枣树移栽时间，《齐民要术》提出，"候枣叶始生而移之"，又认为，"枣性硬，故生晚；栽早者，坚落，生迟也"。表明枣树耐旱，叶子生发晚，移栽早反而不美，萌芽转迟。现在生产上，也主张枣宜晚栽，符合枣树的特性。有谚语："枣树当年死不算死"，说明枣树地下生命力特别强。

在枣树种植密度上，《齐民要术》提出"三步一树，行欲相当"。古代一步为六尺，三步约为现在的6米，并要求排列成行。

中国最早提出了果树栽培的"环剥"技术。《齐民要术》记载，"正月一日日出时，反斧斑驳椎之，名曰'嫁枣'，不椎则花而无实，斫则子萎而落"。意思是用斧的钝头交错捶打枣树树干，如不捶打，就只开花不结果；如用斧砍，则幼果就会萎蔫脱落。现在的果树"环剥"技术也是同一道理。但在"嫁枣"的时间上，《齐民要术》"正月一日日出时"，而《便民图纂》提出的是"端午日"，枣树在正月正处于休眠期，这时进行嫁接作用缓慢，但有促进花牙分化作用，所以《花镜》上说是正月一日"嫁枣""本年必花盛而实繁"，而在端午日"嫁枣"则只能促进果实肥大。

中国也最早提出了果树栽培的"疏花"技术。《齐民要术》记载，"大蚕入簇，以杖击其枝间，振去狂花，不打，花繁，实不成"。这是把"嫁枣"和"振击狂花"的技术结合起来进行的。

另外，中国也最早记载了枣树的收获、加工及食用方法。除了《诗经》的"八月剥枣"外，《齐民要术》认为，"全赤即收"，并解释说："半赤而收者，肉未充满，干则色黄而皮皱；将赤，味亦不佳美；

---

① 尺为非法定计量单位，1米等于3尺。——编者注

全赤久不收，则皮硬，复有乌鸟为患"。提出了适时收获的标准及提前收获所造成的品质及产量下降问题。在收获方法上则主张"日日撼而落之为上"的分期采收法。

《齐民要术》中提到制作枣油的方法。"捣枣实和，以涂缯上，燥而形似油也"。把枣捣乱和匀，涂在绢绸上，干后像一层油膏，和现在的枣糕很相似。《元和郡县志》记载，"信都县东北五十里，汉煮枣候城，六国时于此煮枣油"。说明此法已有 2 000 多年的历史，而且应用相当普遍。

枣还常与谷类做成枣米。在《群芳谱》载有一种制枣米的方法："煮枣熟烂，将谷微碾去糠，和枣习作一处，晒七八分干，石碾碾过，再晒干，此贮听用。临时石磨磨细，可作粥，作点心。任用纯谷、黍、稷、蜀秫、麦而之类，俱可作。"

中华民族祖先的发明得到了广泛的传承与创新。目前各地的枣树栽培技术均是在祖先枣树栽培管理技术的基础上，通过数千年的扬弃形成的。灵宝大枣也不例外。

（二）复合种养

灵宝的气候特征和灵宝大枣的生长习性决定了枣园复合种养的可能性，包括枣农间作、枣园养殖等。

枣农间作是利用枣树与农作物生长时间及生理学特征上的差异，把农作物与枣树按照一定的排列方式种植于同一土地单元，从而形成长期同生共长的枣农复合生态系统。这种枣农间作，既照顾了土地利用率，又让枣树充分发挥防护林作用。当地枣农间作有三种方式：一是以枣为主，以农作物为辅；二是枣与农作物并重；三是以

枣农间作

农作物为主，以枣为辅。

枣农间作的好处表现在：第一，枣粮间作可降低风速；第二，调节空气温度和湿度；第三，降低蒸发力，减少田间蒸发量；第四，提高自然资源利用率；第五，防风治沙，固持水分，保护农田。这种间作，对枣树、农作物和人类都有好处，形成了三方的互利。

枣农间作

（1）枣林与农作物互利

枣林可起到防风固沙、保护水土、改善土壤、调节气温和空气湿度、减少水分蒸发和干热风侵害等作用；枣枝枣叶枯萎落入土中，经腐化可改良土壤，为农作物生长创造有利环境；在林下、林间栽培农作物后，枣农加强了对土地浇水、施肥、松土等方面的管理和对农作物病虫害的防治，给枣树创造了更加良好的生长环境。

（2）农作物与人类互利

农作物生长结实，为枣农提供食物，秸秆变为能源；枣农产生的粪便为无化学污染的生活垃圾，形成农家肥，施入土壤，产生效益。

（3）枣林与人类互利

枣林为枣农提供食物的同时，还具有防风固沙、保持水土、涵养水分、增加空气湿度、改善小气候、为枣农创造适居环境等多种功用；此外，枣林景观可以给人以精神上的愉悦，发展枣乡休闲游，又是一项新的支柱产业。

枣园复合种植养殖，是在房前屋后栽植枣树、杏树、桃树、苹果等树种，在树下养殖家禽，形成人、枣树、家禽之间的和谐模式。灵宝在灵宝古枣林所在地后地基地，大力推广枣养结合，在灵宝古枣林中用隔离网围起一大片空间，散养家禽，是一个成功的范例。在枣树下养殖的家禽（鸡），不仅可以为人类提供蛋和肉制品，同时还可有效防止果树虫害。人与枣树、家禽共同组成了一个良性的生态系统。

枣农间作

（三）田间管理

1. 枣树繁殖技术

灵宝大枣沿袭了古人的大枣繁殖方法，主要繁殖方法有两种：一种是在枣园寻找根蘖苗，然后归圃育之；还有一种是在枣园犁一道深沟，刺激枣树分蘖出苗，然后移栽到苗圃地，在苗圃育1～2年后，采集接穗，统一进行嫁接。待秋后或次年春，可移大田栽培。两种繁殖方法基本相同，有些没有经过嫁接的枣树苗移入大田后，若发现品质较差，也要重新进行嫁接。也有大面积育苗的，采取酸枣核播种，待苗长至1米左右时进行嫁接。

灵宝大枣的嫁接时间，在灵宝地区大致有三个时期可嫁接：其一，春季发芽前2～3周，气温达到10℃左右，砧木苗正处休眠状态末期，砧木还未离皮，最适宜于劈枝、舌接、切接等；其二，发芽后3～4周，气温达到15℃左右，砧木开始展叶，正处于离皮阶段，最适宜舌接和插皮接；其三，7—8月份高温季节，这个时期不仅成活率高，而且成活后的接穗生长迅速，嫁接后10～15天，接穗就可以发芽和抽条，适宜于芽接、插皮接等。

老来得子

老树怒放

2. 枣树修剪技术

枣树树体管理是枣树生产管理中一项重要内容。对枣树所采取的各项整形修剪，是在土肥水等综合管理的基础上根据枣树生长发育特点，结合环境条件所进行的一项重要管理技术。枣树生长发育有不同于其他果树的特点。枣树的结合枝为脱落性的枣吊，结合母枝为缩短的枣股；枣树萌芽力强，但成枝力弱；枣树花芽当年分化，多次分化，且成花量大，结果早，但坐果率低；枣树对修剪的反应属"钝感型"。短截不发枝，剪口下二次枝剪掉后，才能抽生枣头等。

开花、结果、成熟、收获

枣树的枝芽与一般果实不同，芽有主芽和副芽两种，枝有枣头、永久性二次枝、枣股和枣吊四种。通过整形修剪培养健壮牢固、分布合理的骨干枝，可以保持适量的结果枝和通风透光良好的树体结构。理想的树体结构应具备主从分明、结合完整，透风透光、枝量适当两大特点。

果实累累

枣树是喜光树种，补偿点为400～1 200勒克斯，多数品种为800～1 000勒克斯。要保证枣产量和质量，必须通过修剪创造良好的树体结构，扩大叶面积，提高光合强度。为使树冠光合面积和结果面积最大，使树枝、树叶都处于光补偿点和光饱和点之间的最适范围，理想的树冠构型是"三密三稀"的结构，即枝条分布上稀下密，外稀内密，大枝稀小枝密，使树冠内外均结果。根据枣树独特的发性和喜光性强的特点，在枣树生产上常用的枣树丰产树形有主干分散疏层形、多主枝纺锤形、开心形、多主枝自然圆头形等。这几种树形的共同特点是枝干坚固稳定，层次明显，通风透气性好。其分别适用于不同的品种和栽培方式。

主干分散疏层形：符合多种枣树的发枝习性，容易培养，产量也高，适用于一般枣园，树高达4～6米，栽植密度为（3～4）米×（8～10）米，即每亩栽植16～28株枣树。

多主枝纺锤形：多主枝纺锤形骨架牢固，负载量大，有利于早结果、早丰产。一般适宜用密植丰产枣园，树高2.5米，栽植密度为（1～2）米×3米，全树呈下大上小、下宽上窄、下粗上细的纺锤形，亩栽植110～220株枣树。

开心形：枣树吸光性强，采用开心形可更充分满足这一特征。树形通风透光性好，树冠内不会光秃，着色好，树形培养较快，适于密植，便于采收和管理。一般适于栽植密度（1.5~2）米 × （3~4）米，即每亩栽植83~150株枣树。

开心形果树

多主枝自然圆头形：多主枝自然圆头形没有明显的中心干，在主干上错落着生6~8个主枝。每个主枝着生2~3个侧枝，侧枝之间相互错开，均匀分布，树干顶端自然开心。这种树形成形快，结果早，易丰产。

枣树树体的管理是通过枣树整形修剪实现的，即人为地对树体和枝条进行剪、截、疏、缓、放等技

检枣

术处理，使树体按一定的形状生长发育，并保持健壮的树势、完整的结构和牢固的枝组，为优质丰产枣果奠定基础。整形修剪的目的是调节树体生长和结果的关系，延长树体寿命，促进树体生长，有利于结果和减少病虫害。

枣树的修剪分为冬季修剪和夏季修剪两个时期，每个时期采用的修剪方式不同，其修剪反应也不一样，但两者缺一不可，必须有机配合。

（1）冬季修剪

一般于落叶后至来年树液流动前进行。

疏枝：对交叉枝、竞争枝、病虫枝等枝条从基部剪掉。

另一番景色

短截：将十年生枣头一次枝或二次枝剪掉一部分。

回缩：剪掉多年生枝的一部分。

缓放：对枣头一次枝不进行修剪称缓放。

刻伤：为使主芽萌发，在牙上部约1厘米处，横刻一刀，深达木质部。

拉枝、撑枝：用铁丝、木棍拉、撑枝条。

分枝处换头：对着生方位，角度不合适的主枝和大枝，在合适的分支处截留，由分枝做延长头。

落头：对中心干在适当高度截去顶端一定长度。

（2）夏季修剪

生长季修剪，从萌芽展叶到盛花期进行。

抹芽：对萌芽多、芽体位置不适宜的芽应抹除，另外由于摘心造成一次枝、二次枝上的主芽要及时抹去。

枣头摘心：除去顶端优势，控制枣头生长，减少嫩枝叶对养分的消耗。

拿枝：在生长季节对当年生枣头一次枝、二次枝，用手握住基部和中下部向下压数次。

扭稍：在生长季节将当年生枣头一次枝软化扭转为向下或水平生长。

环割：生长季节在枝条基部用刀环割1～2圈，深达木质部。

环剥：对枣树主干和骨干枝进行环状剥皮，也称"开甲"。

利枣：在花期砍伤枣树主干韧皮部，切断部分筛管。

3. 枣园耕作与肥水管理技术

在灵宝大枣生产中，翻耕管理是重要环节。一是无论枣园，甚至枣粮结合地的枣林，每年必须翻耕，春季浅翻一次，秋季深翻一次。二是保水改土，在坡度较大的枣林地，必须挖鱼鳞坑，以增加枣树的营养环境。三是经常锄耕造林地。人们常说："枣怕三年荒"，杂草丛生不仅影响大枣的生长发育，还易使枣树枝干感染病毒。

灵宝大枣系脱落性结果枝结果，枝多、花多、果实多，对肥水的反应极为敏感。花前追肥浇水，花期喷水、喷肥，坐果后追肥浇水，均能起到保花保果实作用。根据灵宝川塬古枣林所在地后地村的经验，在秋季和春季耕翻结合开沟施厩肥、大粪或绿肥作底肥；而对于可灌溉大枣园则应施钙镁磷肥，施肥后先浇水，然后翻耕。在枣树开花前，需要追施化肥或人粪尿一次，以提高坐果率。幼果膨大期应追施化肥1～2次，也可结合喷水防旱，喷药防虫，混以2%～3%的尿素水，在叶面喷肥。喷肥宜在晴天无风的傍晚进行。

田间管理

常用有机肥料养分含量

种类	水分（%）	有机质（%）	氮（%）	磷（%）	钾（%）
一般堆肥	60 ~ 75	15.0 ~ 25.0	0.4 ~ 0.5	0.18 ~ 0.26	0.45 ~ 0.70
人粪尿	80.0	5.0 ~ 10.0	0.5 ~ 0.8	0.2 ~ 0.4	0.2 ~ 0.3
猪厩肥	72.4	25.0	0.45	0.19	0.60
羊厩肥	64.4	31.8	0.83	0.23	0.67
鸡粪	50.5	25.5	1.63	1.54	0.85
牛粪	83.3	14.5	0.32	0.25	0.16
紫云英	88.0		0.33	0.08	0.23
紫花苜蓿	83.3		0.54	0.14	0.40
绿豆	85.6		0.60	0.12	0.58

常用无机肥料成分及理化性质

肥料	名称	养分含量（%）	化学性质	溶解性
氮肥	硫酸铵	N 20 ~ 21	弱酸性	水溶性
	碳酸氢铵	N 17	弱碱性	水溶性
	硝酸铵	N 34.5	弱酸性	水溶性
	尿素	N 42 ~ 46	中性	水溶性
磷肥	过磷酸钙	P_2O_5　16 ~ 18 $CaSO_4$　18	酸性	水溶性
	钙镁磷肥	P_2O_5　14 ~ 18 CaO　25 ~ 30 MgO　15 ~ 18	碱性 碱性	弱酸溶液 弱酸溶液
	磷矿粉	P_2O_5　14	中性	弱酸溶液
	骨肥	P_2O_5　20 ~ 35		
钾肥	硫酸钾	k_2O　48 ~ 52	中性	水溶性
	氯化钾	k_2O　50 ~ 60	中性	水溶性

（续）

肥料	名称	养分含量（%）	化学性质	溶解性
复合肥料	磷酸铵	N　12～18 P_2O_5　46～52		水溶性
	钾镁肥	K_2O　33 MgO　28.7		水溶性
	磷酸二氢钾	P_2O_5　24	酸性	水溶性
	氮磷钾复合肥	N、P_2O_5、K_2O各14	酸性	水溶性
微肥	硼砂	B　11	弱酸性	水溶性
	硼酸	B　17	弱酸性	水溶性
	硫酸锌	Zn　35～40	弱酸性	水溶性
	硫酸亚铁	Fe　19～20	弱酸性	水溶性
	硫酸锰	Mn　24～28	弱酸性	水溶性
	钼酸铵	Mo　50～54	弱酸性	水溶性

枣树叶面喷肥常用肥料

肥料种类	喷洒浓度（%）	喷洒时期
尿素	0.5	生长期
磷酸二氢钾	0.3	生长期
过磷酸钙	浸出液2.0	7—8月
草木灰	浸出液4.0	7—8月
硫酸亚铁	0.2～0.4	5—6月
硫酸锌	3～5	发芽前
硼酸	0.3～0.05	开花期
硼砂	0.5～0.7	开花期
柠檬酸铁	0.05～0.1	生长期
硫酸锰	0.05～0.1	生长期
硫酸镁	0.05～0.1	生长期
硫酸钾	0.5	7—8月
农用稀土元素	0.05	开花期

4. 病虫害防治技术

灵宝大枣病虫害种类繁多，不仅直接影响大枣的生长发育，造成产品质量下降，产量降低，严重发生时还可导致绝收。目前常用的防治措施主要包括以下几种。

(1) 农业防治

要做到旱能浇，涝能排，促使大枣生长健壮，提高抗病能力，减轻枣锈病、枣缩果病、蚧壳虫、红蜘蛛等病虫害的发生。对枣树要合理修剪，避免枣锈病和缩果病的发病条件。冬季要进行冬耕，改良土壤，对越冬病害虫（走尺蠖、桃小实心虫、枣锈病）具有良好作用。良好的枣园管理技术，对预防和防治病虫害的发生、减轻病虫的危害都具有较大作用。

(2) 人工防治

人工防治是植保工作中贯彻"土洋结合"方针的一项重要内容。刮粗皮、翘皮、病皮，对消灭在皮缝内越冬的红蜘蛛、枣黏虫以及枣缩果病、枣锈病、枣炭疽病等病虫有良好的防治效果。摘病虫果、剪病虫枝、掰病虫芽等，对防治枣蚧壳虫、枣瘿蚊、枣氏粉蚧效果尚好。利用枣食牙象甲、金龟子等假死习性，采用人工将其振落于地面捕捉。在树干或主枝上束草环，可以诱杀红蜘蛛、桃小食心虫等多种树皮缝隙里的越冬害虫。清扫果园，拾净病虫落果，剪除病虫枝条，烧毁或沤肥，可以减轻枣锈病、枣缩果病、桃小实心虫的发生。对龟蜡蚧壳虫可以人工刮皮消灭。

(3) 生物防治

生物防治措施是一种治本的措施。枣区几种主要病虫害如红蜘蛛、龟蜡蚧壳虫、枣黏虫、康氏粉介虫等都有许多寄生性或捕食性天敌。利用天敌治虫的主要方式有三种：一是保护自然天敌，二是人工饲养繁殖放养天敌，三是自外地引入天敌。生物防治的另一种办法是以菌治虫。在自然界引起昆虫疾病或死亡的生物很多，有细菌、真菌、病毒。此类药的药效长，有的可保持数年，主要有细菌杀虫剂、真菌杀虫剂和病毒杀虫剂。另外还有以菌治病，如放线酮、春雷霉素、链霉素、庆丰霉素等。还有利用昆虫激素防治害虫的，如桃小实心虫性诱剂、枣黏虫性诱剂，诱捕效果非常好。

（4）化学防治

使用化学防治措施防治病虫害历史悠久，效果良好，收效快，生产上至今仍被广泛使用。

（5）物理防治

在枣园设置黑光灯诱杀金龟子、夜蛾及食心虫、卷叶蛾、叶蝉效果很好，利用光滑塑料薄膜阻止枣尺蠖雌虫上树产卵，也是切实可行的办法。

无公害枣生产病虫防治历

物候期	时间	主要防治对象	防治措施	备注
休眠期	11月到翌年3月（立冬至春分）	龟蜡蚧、枣粉蚧、黄刺蛾、枣红蜘蛛、枣尺蠖、枣壁虱、枣缩果病、枣锈病、枣炭疽病、枣疯病等	1. 土壤上冻前或早春土壤解冻后，及时进行枣园深翻或刨树盘，捡拾虫茧、蛹，降低越冬虫口基数 2. 结合冬剪，剪掉有虫枝、病枯枝，及时清除落叶、枯杂草，减少病虫初侵染源 3. 在2月下旬对枣树枝干喷施3～5波美度石硫合剂。枣龟蜡蚧严重时，可喷10%～15%柴油乳剂 4. 于3月上旬在树干上扎一层塑料裙，阻止枣尺蠖雌虫上树，捕杀雌虫 5. 发现枣疯病株，及时刨除，并彻底铲除病根蘖枝	石硫合剂须在萌芽前喷施
萌芽、枝条生长及花芽分化期	4月中旬到5月枣树开花前（清明至小满）	食芽象甲、绿盲蝽象、枣尺蠖、枣黏虫、枣瘿蚊、枣壁虱、枣粉蚧、枣红蜘蛛	1. 在4月上旬食芽象甲成虫出土上树前，在树干基部培土并撒3%辛硫磷毒剂毒杀出土成虫 2. 树冠喷洒4.5%顺反高效氯氰菊酯1 500倍液+25%或灭幼脲3号胶悬剂1 500～2 000倍液，防治食芽象甲、枣尺蠖等 3. 喷洒25%蚜虱净1 000～1 500倍液或25%优乐得可湿性粉剂1 500～2 000倍液+10%浏阳霉素乳油1 000倍液或1.0%的齐螨素4 000倍液等，防治枣红蜘蛛、枣粉蚧等	注意交替使用不同类型的杀螨剂

（续）

物候期	时间	主要防治对象	防治措施	备注
幼果期	6月下旬到7月（小暑到大暑）	龟蜡蚧、桃小食心虫、枣红蜘蛛、枣黏虫、黄刺蛾、枣焦叶病、枣锈病、枣炭疽病、枣缩果病等	1. 7月初龟蜡蚧若虫出壳盛期，喷施25%优乐得可湿性粉剂1 500～2 000倍液或40%木虱净1 000倍液或40%速扑杀乳油1 000倍液，防治龟蜡蚧。7天后再喷1次 2. 喷4.5%顺反高效氯氰菊酯1 500倍液+10%吡虫啉可湿性粉剂2 000倍液或80%枣病克星600～800倍液，防桃小食心虫、枣黏虫、黄刺蛾等害虫和枣缩果病、枣炭疽等病害	
果实发育期	8月（立秋至处暑）	枣黏虫、桃小食心虫、枣缩果病、枣锈病等	继续喷药防治桃小食心虫、枣黏虫等害虫和枣缩果病、枣炭疽病、枣锈病等病害	
果实成熟采收期	9月（白露至秋分）	枣黏虫、枣裂果病	1. 9月上旬枣黏虫第三代老熟幼虫潜伏化蛹前，在树干上束草诱集越冬幼虫化蛹，早春取下草束集中烧毁 2. 在早裂果病严重地区，从8月上旬起，每隔15天喷洒一次0.3%氯化钙水溶液，并及时灌溉以减轻裂果	

（四）采收和烘炕

灵宝大枣个大、肉厚、核小、色艳、味美，富有弹性，过去主要采用晾晒的方法制干。改革开放后才逐步将晾晒改为采用烘干技术制干。

灵宝大枣的制干量占整个枣产量的80%以上，干枣是灵宝大枣制品的主要商品。灵宝大枣的干制技术，直接影响枣树全年生产能否丰产丰收。

大枣开杆收获

虽然人工干制效果比自然干制明显提高，霉变枣果大量减少，但枣果干制质量比自然干制有所降低。果肉色泽加深，肉质变软，抗压力降低，枣果极易变形，影响外观质量。自然干制时，灵宝大枣成熟期常常遇到秋雨连绵而不能进行，鲜枣极易霉烂；人工干制可减少霉烂，而丰产丰收。人工干制时间短，损耗少，投资少，成本低。制干效率高且干净卫生。

丰收的喜悦

灵宝大枣的炕枣房一般采用回龙火式炕房。采用一炉一囱，地下回龙火道，轨道式活动枣架和枣盘。炕房外形为11米×4米×5米，炕房上设有300毫米的保温层，1个直径400毫米的排气筒。两侧墙中部各设1个观察窗，双层玻璃。各设干湿球湿度计1个，既保温又清晰观察室内温度变化情况。下部设4个可控进气孔，通风排湿时使用。煤燃烧用一炉一囱，炉壁外高内低，倾斜15°，回龙火道用土坯房砌成，用泥加厚，防止此处温度过高，引起焦枣。用10个活动枣架，架子10层，规格200米×1.36米×3.02米，用装枣用的枣盘若干，规格为1.96米×1.34米×0.1米。

炕枣的主要技术规程：①清洗。清洗并剔除破损枣果。②装盘。厚度不得超过3～4厘米。③预热。使枣逐渐受热，为大量蒸发水分做准备，在6～8小时内，温度逐渐升至55～60℃为宜。④蒸发。枣中水分大量蒸发，温度应控制在60～70℃，注意排湿，室内相对湿

炕枣

度不得大于70%。这阶段要注意将枣架上的枣盘，上下互换位置，防止蒸发不均匀。成枣温度不低于50℃，维持4~6小时，使枣果内部各部分含水均衡。⑤出炕。出炕要选择风凉天气，将枣散倒，防止堆大堆；余温易产生闷枣。全程22~24小时。⑥晾晒。出炕的枣有30%的水分，出炕后再晒1~2天，一则散发水分，二则提高枣的色泽度，成品枣含水量21%~22%。

（五）加工和储藏

除了通过晾晒和烘炕制成干枣销售及制成枣酒、枣醋等加工品外，目前灵宝大枣的加工品主要有蜜枣和熏枣两种。

1. 蜜枣

蜜枣是一种营养较高的滋补食品，有益脾、润肺、强肾补气和活血的功能。

(1) 原料及设备

原料：枣、白砂糖及清水。

设备：直径86.5厘米大铁锅、烘房、切枣机和压枣机。

(2) 制作方法

①原料。一般宜选用个大核小、肉质疏松、皮薄而韧、汁液较少的大枣。

②分级。将枣果按切枣机进出口径的大小分级，同时剔除畸形枣、虫枣、过熟枣。

③划缝。将挑选的枣果分等级投入切枣机的孔道进行切缝。深度达到果肉厚度的一半为宜，过深易破碎，过浅不易浸透糖液。

④洗枣。划缝后的鲜枣置入竹箩筐内，放在清水中洗净，沥干水分。

⑤煮枣。在直径86.5厘米大铁锅内放清水1~1.5千克，用水量可根据枣的干湿、成熟度及煮枣的时间和火力有所增减，白砂糖4.5~5千克。先把水和糖加热溶成糖液，然后倒入鲜枣，与糖液搅拌，用旺火煮熬不断，翻拌并捞出浮起的糖沫。待枣熬至变软变黄时，就缓缓翻动。糖色由白转黄时，减退火力，用文火缓缓熬煮，煮到沸点温度达105℃以上，含糖量65%时为止，煮约45分钟。

⑥糖渍。将煮好的枣连同糖倒入冷锅，静置约45分钟，使糖液均匀地渗透入枣果，并每隔15分钟翻拌一次，然后将糖枣倒入滤糖框中滤去糖液。

⑦烘焙。把滤干糖液的枣果及时送入烘房中烘焙，烘焙时火力应先小后大，烘焙时间约1天，每隔3~4小时翻动1次。

⑧压扁。经过初焙的枣果用压枣机或手工压成圆形扁平状,以促进干燥或改善外观。

⑨干焙。用具同初焙。火力应先急后缓,因枣果干,可用较大火力(75~85℃),促使枣面先露糖霜,然后火力逐渐降低,时间1~1.5天,先后翻动8次,使枣果干燥均匀。烘焙用力挤压,枣果不变形,枣色金黄、透亮,透出少许枣霜即可。

⑩分级。捡出枣丝、破枣,然后把合格的枣果分成6个等级。特级60个/千克,一级80个/千克,二级110个/千克,三级140个/千克,四级150个/千克,五级180个/千克。

⑪包装。分级的产品用纸盒或塑料薄膜食品袋分0.5千克、1千克进行小盒或小袋包装,再装入纸箱,每箱装25千克。

(3)质量指标

①糖味醇正、甜味足、肉厚,入口松而不僵硬。

②面布糖霜,干燥不相粘。

③刀纹均匀整齐,颗粒大小均匀。

④枣面色泽金黄,无焦皮,晶莹透亮。

2. 熏枣

熏枣也是一种营养价值较高的滋补食品,有益脾、润肺、强肾、补气和活血的功能,是我国港澳台居民和东南亚居民非常欢迎的食品,而且能够大规模加工。加工出来的熏枣果肉色深,干物质多,甜味浓。

熏枣

（1）熏枣炉的建造

在地下挖一个上口长6米、宽2米，下口长5米、宽0.7米，深1.6米的梯形土坑。在长边的中下部，沿垂直方向挖一条长约1米、宽约0.8米的操作道。在土坑底部两侧放置两块大木墩，土坑上部铺一层直径20厘米的木棍，木棍上方铺一层架板，架板上方铺设铁砂以方便翻枣，建成熏炕床。床的四周用砖或石头垒一个50厘米左右高的炉沿，以保护熏枣不外流，这样就建成简易的熏枣炉了。

（2）加工过程

①挑选和清洗。挑选无虫口、无损伤、不霉变的鲜枣洗净。

②预煮。将洗净的大枣倒入沸水锅中急煮5分钟左右，待鲜枣有六七成熟时捞出。

③冷激。将预煮好的果实捞出，随即投入40~50℃的水中浸泡5~8分钟，使果肉收缩，果皮起皱。

④装床。将冲晾后的鲜枣置入熏烤床上，摊放均匀，厚度为10~20厘米，枣上盖一层苇席或棉布。

⑤受热。点火烘烤1~2小时，火力宜小，开始时枣上用苇席加盖保温，使果温缓慢升高，床面温度要保持50~55℃。

⑥蒸发。凝露后撤去苇席，凝露完全消失后，加大火力，进入蒸发阶段，加速果肉水分散失，历时5~6小时。床面温度65~70℃，手摸有灼热感。

⑦匀湿。熏烤24~36小时后，要翻层，即将下部枣翻入上层，上部枣翻入下层。方法是先停火5~6分钟，将上部枣取出，然后将上部枣置入熏枣床，摊匀，再放入下部枣摊平，盖上苇席或者棉布，继续重烤。

⑧重烤。将所有要熏烤枣熏完一遍后，混匀，再用同样方法熏第二遍，熏烤完两遍后，便加工成风味独特的熏枣。

加工的关键是从操作道点燃木墩，因木墩体积、密度大，其下空气稀薄，木墩口冒烟，极易熄灭。让木墩燃着，但又不见明火。

3. 储藏

灵宝大枣属于干制品种，干枣的储藏方法比较多，常用的有囤藏或密封室藏。但如遇不良的环境条件，枣容易返潮，导致霉烂变质、蛀虫严重，不适宜长期储藏。

随着科学技术的发展，现在可利用塑料小袋包装储藏枣，使其可长期储藏，且品质好，虫害发生少。

(1) 在密封室内散倒贮藏

这是最简单的贮藏方法。储藏密封室内应保持环境干燥（相对湿度65%以下），枣果含水量保持20%，室内温度一般为20～30℃。先室内消毒，然后将炕好的干枣倒在室内即可。

(2) 囤藏

先将干净的干枣倒入苇席之中，苇席要进行消毒，然后将枣倒入囤中，再用无毒聚乙烯薄膜覆盖，或加上棉被覆盖，以保持大枣的色泽鲜亮，枣味蜜甜。

(3) 塑料袋小包装贮藏

选0.07毫米的无毒聚乙烯薄膜，制成40厘米×60厘米的包装袋，每袋装干枣4～6千克，抽出袋内空气，形成真空，密封置于干燥凉爽的室内即可。此法储藏干枣，果实饱满，色泽正常，风味纯正，好枣率达90%以上。

八

承载现实　寄托精神

河南灵宝川塬古枣林

（一）枣农业文化传承

1. 传承文化的精神

灵宝川塬古枣林及古枣树群落是灵宝的灵魂，见证了人们为适应贫瘠自然环境不屈不挠的发展历程，具有深刻的历史意义和文化价值。灵宝大枣傲霜斗雪的遒劲枝干，老态龙钟的树态，郁郁葱葱的新风，硕果累累的奉献，无不显示灵宝大枣蕴含的历史厚

重感，更增加了灵宝居民的归属感和荣耀感，使其成为一种永远的精神寄托。

2. 丰收喜悦的生活

灵宝川塬古枣林及古枣树群落是灵宝居民长期摸索发明的一套行之有效的传统管理办法成就的标志性符号，是人类智慧的结晶、宝贵的财富和世界农业文化遗产的重要继承部分。过了农历八月十五就是采摘灵宝大枣的黄金季节，这时人们会放下其他农活，男女老少都来到枣园采摘大枣。此时的枣农最忙了，女人们主要从树上采摘，孩子们爬上树去摇，男人们则是手拿长杆，用力晃动树梢，大枣便如下雨一般哗哗落下。忙里偷闲，一有工夫枣农便驾驶拖拉机、三轮车往家里送枣。在收枣现场到处是丰收的喜悦氛围，枣儿红了，一颗颗"红玛瑙"密密麻麻挂满枝头，河湾沟岔，黄河浅

丰收的喜悦

滩，到处是一派丰收的景象。男人们用竹竿钩住树梢，用力一晃，那满树的红枣纷纷落地，一颗红枣便是一份丰收的希望。树下拾枣的男女老少用箩筐盛装这些果实，每一个人脸上都写满了丰收的喜悦。

炕枣

人们把枣儿捡拾回家，馈赠亲友，嘴馋的孩子们的兜兜里、书包里装的净是灵宝大枣，边看书边吃灵宝大枣，也挺有意思。枣儿真多，存放时间长了要霉烂，怎么办？枣乡人自有办法，家家建有炕枣房。把大枣装在枣盘里，放置到炕枣房中预设的架子上，烘炕一段时间后，大枣中大部分水脱掉了，枣就耐放了。炕枣的汉子从抗枣房一出来总是红光满面，头冒热气，心中装满了希望和喜悦。

3. 承载希望的绿色

灵宝川塬古枣林主要在灵宝黄河南岸坡阶地上，受到黄河的滋润，又选育了灵宝大枣这种耐贫瘠、耐干旱的"铁杆儿庄稼"。灵宝川塬古枣林以顽强的生命力为干旱缺水、风沙遍地的黄河南岸披上了希望的绿色。

远远望去，在黄河南岸，上百年甚至五六百年的大枣树比比皆是，枝繁叶茂，果实累累，生长旺盛。有的挺拔高大，有的虬曲旁飞，有的盘根错节，有的如藏龙卧虎一般，有的虽折枝断臂却伏地而生，无不成奇树怪

古枣新生

木；灵宝枣树无论是上百年还是五六百年，仍然枝繁叶茂，郁郁葱葱。

春天杨柳吐芽抽穗发芽的时候，枣树却沉默无语，直到炎热的夏季来临，它才开始吐露新绿，开放朵朵素淡小花，散发出沁人心脾的芳香。枣花引来的蜜蜂穿梭于枣林之中，辛勤地采酿香甜的枣蜜，供人们享用。到了秋天，满树的枣子由绿变白，由白变红，在阳光照射下好似串串红玛瑙，富丽堂皇，大放异彩。

作为三门峡水库淹没区，在影响古枣树的同时，也形成了独特的生态景观，主要包括黄河南岸及周边自然与生态景观、三门峡水

丰收时节去采摘

观察

库淹没区,以及分布周边的湿地、生物多样性景观等。已开发或规划的主要包括许家古寨及古枣树、老子文化养生园、金瑞源休闲生态园、老城渡口、黄河生态廊道、千亩荷塘、后地古枣树、玫瑰园等景色。灵宝市委、市政府对灵宝大枣的发展高度重视,始终把红枣作为主导产业来抓,从政策、资金、技术、项目等方面大力扶持。而今从黄河岸边老滩开始,新建的枣林逐渐漫延到黄河坡阶地的黄土高岭上,形成一副顶天立地的巨大壁画,非常壮观。

后地村是灵宝川塬古枣林的中心村。地处黄河中游的黄河半岛之上,东、北、西三面环水,南面依山。该村东西长约5千米,南北纵深约4千米,总面积约20多千米^2。处于黄河半岛之上,历史悠久,是典型的民俗文化村。村西有千年古渡——老灵宝古渡,水运方便。该村浓重的书香气味、深厚的文化底蕴,在我国的村落中尚不多见。在后地村,你会享受到浓郁的大枣文化气息,一整天都沉浸在心旷神怡之中。

4. 雅俗共赏的创作

"武则天爱灵宝,大修皇城",这是群众传承的《灵宝县脉论》中的话,四大名著之一《红楼梦》中提到用灵宝大枣枣泥点心做贡品,送进皇宫让皇帝享用。1924年9月15日,鲁迅乘船到灵宝,一上岸便看到一望无际的枣林，红艳艳的大枣挂满枝头，情不自禁地说："号称桃林，不见桃树，只见大枣累累。"鲁迅后来谈到灵宝大枣时，盛赞："灵宝大枣品质极佳，为南中所无法购得。"著名作家、翻译家曹靖华曾诗赞灵宝大枣："顽猴探头树枝间，蟠桃哪有灵枣鲜"。

（二）枣乡风情

　　这是一片古老的土地，古老得与远古神话紧紧相连。追赶太阳的夸父悲壮倒下时，躯体化作巍巍秦岭，手杖化作百里桃林。后人为了纪念他，在此设立了桃林县。

　　这是一片神奇的土地，神奇得每每与祥云瑞霭相接。大唐开元盛世掘得的灵符，张挂着"人杰地灵、物华天宝"的旗幡，于是唐明皇下令诏改"桃林"为"灵宝"。

　　"桃林"与"灵宝"的古县治遗址，位于灵宝大王镇。这片沃土不仅沉淀着厚重的历史，还生长着独步天下的灵宝大枣。历史的风烟虽然渐渐远去，但作为驰名中外的大枣之乡，几千年来却美丽依然，风情依旧。

旭日·枣林·渡口

初春的枣乡

红艳艳的大枣在阳光下跳动的色泽像音符一样悠扬，宛如流淌着唐风宋韵的一缕琴曲，轻轻鼓荡着无穷无尽的诱惑。

沿着渐渐抬升的黄河阶地，闪烁着枣的鲜红、叶的翠绿，枣林在蓝天白云的衬托下漫出一道迷人的曲线。枣林深处，几万棵饱经数百年沧桑的古枣树枝干虬曲，硬朗苍劲，在瘦骨嶙峋的形体上晾晒着枣乡永恒的希冀。行走在这片古枣林中，大枣灵动的红与野菊花热烈的黄映入眼帘，渲染出一份灿烂的心情。深深吸几口浮着花香的秋风，那种沁人心脾的田野气息，让人神清气爽，倍感温馨。

枣乡的美并不单纯印在秋高气爽的季节，她的风韵，会因四季景致的不同而风情万种——春天的落红伴雨，夏天的碧荷映日，秋天的黄叶纷飞，冬日的雪花轻舞……任何时候，这里都能点燃人们回归自然的渴望。

黄河撒网

当第一缕春风吹开浓厚的云层，枣乡便用那漫山的桃红遍野的粉白不由分说地冲散旧年的不快。春日的枣乡处处呈现着春的热闹：白的杏花、红的桃花盛开在春风里，金黄的油菜花、银白的荠菜花生长在田野上，游走在花丛中，人们捂了一冬的身体和心情会顿然轻松。桃花、李花的残瓣还没有完全融入泥土，枣花的馥郁香气便浓艳欲滴了。与春天在一个清晨骤然来临不同，枣乡的夏天宛如莲花般在一个午后悄然盛开。

三门峡水库的荷花

枣乡的夏季摇曳在无边无际的荷塘上。塘边垂柳飘荡，塘里荷花怒放，一阵清风袭来，翠海般的荷叶碧浪翻滚，发出溪水跌涧的声响。尚未开放的小荷依人般地靠在硕大的荷叶上，轻轻地荡着，用一种温柔细腻的凉意，驱赶夏日的燥热、闷热。晚风里，知了、蟋蟀、青蛙的合唱，让枣乡的夏夜在清风明月中多出几分浪漫，诱惑着人们逃离都市，在绿意丰盈中打发一年里最难熬的光阴。

冬季的枣乡在宁寂的群山、静默的黄河和狂猖的狂风中跳出一副荒蛮的风景。冬游枣乡，最好选择大雪初霁的早晨，看疏林枯枝梨花初放，踏大地之上玉毯铺叠。在冰清玉洁的琉璃世界里，在纯净静谧的天然环境中，不时有一群群白天鹅在雪映凇掩的枣林上翔舞。这些白色的精灵们用鲜亮的玉翅拂动清风，高傲的金喙鸣响旷野，给肃杀、孤独、坚硬的寒冬平添了三分温柔、七分亮丽。

枣乡的美也不单纯印在风花雪月的自然景致里，这片四面环山、两面临河的谷地，是桃林古城与灵宝古城的遗址。在水边沙化的田地里，随处散落着远溯汉唐的砖屑瓦砾。这些砖屑瓦砾上渗出的远古气息，融入绿树红花弥漫的秋雾之中，在灿烂宁静的秋光里，散射着摄人心魄的人文韵味。

大枣掩映着民房

　　这个紧紧依傍着好阳河的村庄，有一个振聋发聩的名字——五帝村。据考证，上古时期的"三皇而后五帝"（皇帝、颛顼、帝喾、唐尧、虞舜），都曾在此聚居繁衍，休养生息。现代考古发现，五帝村四周分布着多处距今5 000年之久的仰韶文化遗址。随便在绿野田畴中拾起一个彩色陶片，都闪烁着远古文明的图案。

　　这道绵亘在古枣林中的城垣，是一座唐代宫城遗址。唐高宗上元二年（公元675年），身为皇后却实际掌握着朝廷大权的武则天移驾洛阳时，看中了这个黄河三面环抱的半岛，决定在此修建驻跸行宫。虽然经过1 000多年的风雨剥蚀和人为破坏，这座行宫遗址的墙底部仍宽达10余米，深逾5米。其气势之宏，规模之大，唯都城长安"翠微宫"可以与之比肩。

　　这座位于西路井村中心区的古代豪宅，较为完整地保存着明清时期豫西民居的建筑特点。这个被呼为"刘家大院"的古代民居不仅以院院相衔、屋屋相接的巍峨气势见长，更以精致考究的砖雕、木雕、石雕称世。房顶上的脊雕、墙壁上的屏雕、门楣上的木雕，或奇花异草，或祥云瑞兽，或琴棋书画，或八仙庆寿，无不刀法精良，栩栩如生。

　　这株历经500年风霜雪雨的"枣树王"是枣乡传统意义的生命符号。她与四周几千棵枣树作为枣乡的精灵，在黄河滩涂舞动着古色古香又多姿多彩的巨笔，把文化与历史、自然与时尚贴合成田园诗般的奇丽风景。

　　枣乡的美还印在枣乡的民俗之中，印在枣乡的风土人情，印在枣乡人的衣食住行。

　　在枣乡用天光和炊烟雕刻的黎明与黄昏，朝霞和夕阳都散

古枣树

发着原始的火气。漫步在静美的枣林，感受着充满柴香的薄熙和暖，你会发现枣乡人能够把繁絮的生活打扮得舒适悠闲，从而在单调的劳作之余，尽情享受生活的快乐。

枣乡的人很富，但枣林中的村落却绝少盖楼。这里的房舍多为平顶的砖屋，没有玻璃、瓷砖、不锈钢等超重的金属质感，也没有疏离、冷寂、堂皇等生猛的后现代词汇。但这掩映在枣林深处的平顶砖屋，却如画般动人心魄，将朴素的美演绎成一种不可忽视的力量。

枣乡的人心俊，俊得可以把馍馍蒸成艺术。逢年过节，各村的妇女三五成群汇集一处，或做出牛羊鸡鸭象征六畜兴旺的动物馍，或蒸成"龙凤呈祥""五福临门"等代表富足的吉祥馍。这些枣馍，是枣乡艺术的集中体现，这种生活里的艺术，已经把艺术塑造成生活本身。

还有精美、形神兼备的剪纸，还有色彩鲜艳、赏心悦目的刺绣，还有造型夸张、制作精巧的布艺，还有品种丰富、精美实用的柳编，还有酥烂爽口、肥而不腻的猪头宴，还有节日里闹红了天、闹红了地的社火锣鼓，还有与大枣同样举足轻重的大棚蔬菜、小杂水果等。

如今，时尚的城里人把山野的朴素当作消除虚荣和伪善的救赎，那么，你不妨到枣乡来看一看，转一转。在这里，你可以靠着古枣树歪着斜着，让在职场中正襟危坐的疲惫身心找回闲散舒适的感受；在碧草翠树的繁盛中，找回心底深处久久渴望的那份安宁与娴静的自由。

（三）枣乡文化

灵宝川塬古枣林及古枣树群落是一个有着深厚而悠久历史的军事文化、道家文化的发源地。遗产地周边的函谷关，是我国古代建置最早的雄关要隘之一，历史上争守函谷关所发生的历次大型战争有14次之多，不仅记载了历次战争之惨烈，同时对历史战争的研究成果也是珍贵的军事遗产。而作为战争要冲和军队驻扎的枣园，更是军事景观的活化石，是军事文化和大枣文化相结合的必然产物。

函谷关老子像

作为道教文化的发源地，伟大的思想家老子在函谷关太初宫，枣树掩映的环境下写下了万经之王《道德经》。其在哲学方面的成就及世界影响力不仅是国际文化界追根溯源的重要遗产地，有关《道德经》和道教文化相关的文化遗产景观也为灵宝川塬古枣林及古枣树群落增添了绚丽的色彩。

除此之外，作为文化历史名关，很多名人墨客在此留下异闻传说，名句名篇。"白马非马""终军弃繻""鸡鸣狗盗""紫气东来"等典故就发生在这里。自秦代至明清，流传下来的诗篇达数百首之多，其中有唐太宗李世民、唐玄宗李隆基、贵妃杨玉环的诗篇，还有李白、杜甫、白居易、刘禹锡等诗文巨匠的杰作。

同时，当地群众在劳作生活中，将对灵宝大枣的喜爱融入富有地方特色的文化艺术活动之中，比如面塑、剪纸等。

面塑是人们以灵宝大枣为材料，加上面粉制作的蒸制品。花面糕是民间结婚、生子、祝寿及逢年过节时相互馈赠的一种传统面食。花面糕的制作有三道工序：①制坯。将白面加水揉和发酵后，取2/5的面块，制成2厘米厚、直径40厘米的大圆饼，作为花面糕的第一层（底层）。再取1/5的面块揉成棍状，将面捏成"S"形或"8"字形在空间塞上灵宝大枣和鸡蛋作为一个单元，沿底层面边缘摆满一周为止。然后用灵宝大枣或油面将中间空余处填满，即为第二层（中层）。然后，剩余面块按以上做法，做出第三层（糕面）。接着摆一朵掌心大的面块放在糕面中心，其上安放一枚鸡蛋作为糕顶，入锅蒸熟。②捏面花。将和好的面揉成许多花、鸟、虫、鱼、五毒四害、五谷蔬菜等模型，另放一篦子上，入锅蒸熟。③插花。用六寸长的细竹签将熟面花逐一插到糕面上，插满为止，然后用彩笔着色（也有不着色的）。这种工艺比较复杂，也有将捏成的面摸直接放在糕面上一起蒸熟的。

枣乡面艺

枣乡面艺

枣乡面艺

枣乡面艺

面塑还有一种重要类型，就是蒸制花馍，花馍有两种类型，大的重约半斤，是祭祀所用，如春节蒸制的猪、提斗；正月十五蒸制的麦穗、谷集，中秋节蒸制花纹。小的重一两甚至半两左右，是结婚、房屋上梁所用，如面桃、佛手、石榴、兔子、螃蟹、蛤蟆等。这里花馍惟妙惟肖、小巧玲珑。但无论大小中间都要包上一颗灵宝大枣。

剪纸是中国民间艺术中的瑰宝，它源远流长，已成为世界艺术宝库的重要组成部分。剪纸质朴、生动、有趣、夸张，表现了超凡的艺术魅力。剪纸工艺历史悠久，据《灵宝县志》记载："周时，弘农群众春节过后，瘟疫流行，百姓叫苦连天，其曰，紫气东来，老子骑青牛至函谷关，不料青牛亦中疫患病，众乡医会诊时，青牛口吐血肉一块。乡医将血肉配药分食于病患者，皆复元气，转危为安。人们欢喜若狂，奉为灵丹妙药，视青牛为救命天星。从此，每年正月二十三日，家家门上都用黄表剪金牛贴上，意在辟疫求吉，除恶辟邪，以志青牛之功。大概是剪纸艺术在灵宝的最初记载。

剪纸艺术在民间最为常见的是窗花。随着人类文明的进步，剪纸花样不断更新，题材逐渐增加，用途更加广泛。民间的结婚喜庆、布置新房，生活中的衣食住行都有剪纸艺术出现。如花鸟虫鱼、飞禽走兽、山水人物等，美观大方，精致幽雅，独具一格。

剪纸工艺实际上是剪与刻相结合的工艺。主要工具有锤子、刻刀、刻板（又称蜡板）、剪子等。其中的刻刀是一种刻制的工具。它是在一块25厘米见方的边缘有棱的木板上，涂上一层2厘米厚的蜡油合剂（即石蜡、柏叶灰、牛油的混合物）。这种蜡板有极好的弹力和韧力，刚中有柔，使用过后不留刀痕，不损刀刃，不掉碎渣，经久耐用，艺人们将它视为"至宝"，其制作奥妙并不对外传。剪纸工艺取样时，有直接取样、照样描绘、照样熏图三种方法。也有心中有样，随心所欲，剪刻成功的。

过去布置新房要剪龙凤图，寓意龙凤吉祥；剪莲花、石榴、牡丹图，寓意多生贵子，多子多福；春节时剪牡丹、雄鸟、双鱼等，寓意富贵吉祥，年年有余。目前，最多见的是正月二十三日，各家各户门上贴的金牛图。

中国传统女性都要学习做女红，剪纸则是女红必修技巧。她们一般从前辈或姐妹那里学习剪纸的花样，通过临剪、重剪、画剪，描绘自己热爱的自然景物——花鸟鱼虫、花草树木、亭桥风景等。

枣乡剪纸

九

抓住机遇　加快发展

河南灵宝川塬古枣林

（一）遗产保护，利国利民

灵宝川塬古枣林及古枣树群落栽培历史悠久，不仅生态功能突出，文化传承源远流长，而且是现代园艺技术的活化石。河南灵宝川塬古枣树林及古枣树群落农业遗产的保护，不仅有利于灵宝大枣这一独特遗传资源的保护、研究、开发与利用，对促进灵宝大枣产业的发展具有重要的现实意义，同时对于促进国际园艺技术的发展等也具有重要的学术价值。

1. 保护维持生态平衡

灵宝川塬古枣林及古枣树群落不仅是灵宝当地居民的重要经济作物和生计来源，还对地区自然环境和生物多样性的保护与生态系统平衡的维持起着举足轻重的作用。在灵宝川塬古枣林中，高大的树干和郁密的枝条既是"天然蓄水库"又是"防风保障屏"，凋落的树叶增加了土壤的有机质，改善了土质，提高了土壤的肥力。

2. 繁荣农村文化建设

党的十九大报告中提出实施乡村振兴战略，而发展乡村文化旅游，是实施乡村振兴战略的重要途径。建设优秀传统文化传承体系，加强对优秀传统文化思想价值的挖掘和阐发，维护民族文化的基本元素，使优秀传统文化成为新时代鼓

虬枝苍劲

舞人民前进的精神力量。对灵宝大枣的保护与发展，既是贯彻党的十九大精神，促进农业农村文化大发展、大繁荣的重要举措，也是对灵宝紧紧围绕以名人、名著、名关为核心的函谷关文化资源，构筑函谷关旅游文化框架，建立民族文化强市的重要举措。

3. 助推现代农业发展

灵宝川塬古枣林及古枣树群落中蕴含着传统的农业生产经验、传统实用技术，以及人和自然和谐发展的思想，有许多先进的理念、生产经验、实用技术，可以为现代农业发展提供借鉴和参考。灵宝川塬古枣林及古枣树群落的保护与发展，可促进当地农民的传统知识和管理经验的再认识，并可以应用这些知识和经验来应对现代农业发展中所面临的新挑战，实现传统文化传承与创新相结合。要把

枣园蜂产业

这种对灵宝大枣的保护与发展，放在加快新型工业化、信息化、城镇化、农业现代化同步的大格局中谋划，放在产业升级和提高区域竞争力的背景考虑，放在文化、旅游、生态相辅相成的大趋势下讨论，真正把灵宝大枣的开发保护融入灵宝"旅游兴市"的战略之中。

4．推动经济社会发展

利用灵宝川塬古枣林及古枣树群落这一农业文化遗产品牌，开发一系列相关产品，既可以大大提高灵宝川塬古枣林及古枣林群落的知名度和竞争力，同时也可以促进灵宝大枣产业进一步发展。不断发掘大枣的文化内涵，既丰富了旅游业的文化内涵，也为农业文化遗产的宣传保护拓宽渠道和范围，有效促进了地方经济的大发展。

（二）人地环境，现实挑战

灵宝川塬古枣林及古枣树群落的保护与发展，也面临着诸多挑战。

（1）乡村振兴与城镇化

随着乡村振兴战略的实施，灵宝近年来兴起了新一轮旧村改造。在这一过程中，位于旧村农民房前屋后的古枣树群落遭到了大量砍伐，从而形成了对古枣树群落的新一轮破坏，并且这一轮破坏活动仍在持续。与此类似，新修道路、新建房屋等也威胁着古枣林和古枣树群落的生存。这些活动在目前和今后将无法避免。

另外，随着城镇化的发展，对土地占用增加，尤其是对非耕地土地的占用，对零散分布于原有非耕地的古枣林群落而言，难免首当其冲。据项目组最近对农户的实地调查，随着城镇化进程的加速，

新一轮旧村改造过程中被砍伐的古枣树

灵宝市部分以前以大枣为主导产业的乡（镇）农户的耕地、非耕地被占用，部分古枣树也被砍伐或者生长环境被严重破坏。

新建公路对古枣林的破坏

（2）比较优势减弱

近年来，灵宝大枣的栽植面积增速有放缓的趋势。主要原因是，灵宝农民开始放弃枣树栽植活动，转而种植苹果树。苹果也是灵宝的主要果品，是该市的一个重要支柱产业，在中华人民共和国建设初期即被视为"灵宝三大宝"（苹果、棉花、大枣）之一。截至2000年年底，灵宝苹果栽植面积约为3.33万公顷，成为中国第二大苹果主产区。苹果作为一种高价值农产品，其收入要高于大枣。据调查，2007年灵宝鲜食苹果的收购价为3.5元／千克，加工苹果为

1.8元／千克，均达到历史最高价，直接为苹果种植户增加收入3.5亿元。截至2006年年底，该市苹果种植面积达3.67万公顷，农民人均苹果收入1 200元，占农业总收入的50%，苹果生产也成为该地区农民增收的主要农业生产活动。

此外，随着苹果种植规模的扩大和加工业的兴起，以苹果为核心的果品包装、贮藏及运输等相关产业也逐步发展。而大枣在销售包装上依然单调粗糙，特别是还没有进入超市的精品包装产品。另外，大枣深加工产品较少，绝大多数枣农还仅限于卖枣果，经济效益较低。因此，许多以枣树为主要农业活动的农户开始种植苹果树，部分农民甚至将自己房屋周边的古枣树砍伐，转而栽植苹果树，以期获取更高的经济利润。同时，据项目组对灵宝苏村乡苹果种植户调查，苹果树种植的农业收入明显高于枣树种植户。数据显示，该地区苹果园亩均产值达到3 543元／年，是"明清古枣林"所处的大王镇中枣园的亩均收入（1 916元／年）的1.8倍。

（3）农业人口老龄化

2014年，项目组对灵宝"川塬古枣林及古枣树群落"栽植区域的3个主要乡镇（包括大王镇、函谷关镇和西闫乡）中7个村（包括老城村、后地村、沙坡村、梨园村、西寨村、孟村以及白家峪村）的131户枣树种植户进行实地调查与问卷访谈，按照枣农年龄与文化程度进行详细统计。据调查数据显示：40～60岁劳动力占劳动力总数的2/3，其中51～60岁的老年人劳动力达45.8%；60岁以上的劳动力占16%；31～40岁的青年劳动力仅占6.1%；调研样本中，没有30岁以下的劳动力。

灵宝人口普查数据和实地调研数据均表明：一方面，随着劳动力老龄化，年轻一代转向城市打工趋势明显，传统枣林栽培管理技能继承的人越来越少；另一方面，枣树栽培是一项劳动密集型农业生产活动，劳动力的缺失和老龄化对枣产业的持续发展产生制约。

（4）成熟期降雨

灵宝大枣的成熟区为9月中下旬，这一时期通常为雨水较多的季节，成熟期降雨会导致大枣裂果，严重影响大枣产量与农民收入。这一技术难题已成为威胁枣产业可持续发展的重大挑战。为此，解决大枣成熟期和雨季重合的技术问题，从技术上克服由此造成的大枣品质下降和裂果问题，是该遗产可持续发展的重要科学问题。

（5）病虫害威胁

历经数千年的传承和进化，灵宝明清古枣林遗产地的生态环境非常适于灵宝大枣的生长，大枣产量依然较高。然而，虽然相对其他产区而言，古枣林的大枣发生病虫害较少，但仍然面临着病虫害及其由此造成的产品质量下降的威胁。

危害枣树的主要病害可以分为两类，一是危害枣果的病害，二是危害枣树叶片的病害。其中，危害枣果的病害主要是枣缩果病，俗称"烧茄子病"。这是一种细菌和真菌两类病原侵染引起的病害，主要在枣果近成熟期发生，表现为果皮开裂、果肉有苦味，提前脱果，甚至导致枣树绝收。该病的发生严重影响枣果的品质。还有一种常发生于枣果的病，为枣炭疽病，表现为果实最初出现褐色水渍小斑点，扩大后形成近圆形的凹陷病斑，病斑扩大密生灰色至黑色的小粒点，最终引起枣果脱落。其中病果味苦，不堪食用，多雨时会加重发病。该病在河南省灵宝枣林的发生日趋严重，并常常伴随枣缩果病发生，极大地降低了灵宝枣果的经济价值。

危害叶片的病害主要有枣疯病、枣锈病、枣焦叶病和黄叶病。其中，枣疯病在河南枣区均有发生，该病轻则疯长不结果，重则死枝死树，甚至毁掉全部枣园。枣锈病是枣树重要的流行性病害，由担子菌亚门的东孢菌纲锈菌目枣多层锈菌所致，受害严重的枣树多于8—9月叶片落光，果实不能正常成熟，提前落果，导致产量锐减，果实品质差，而且会造成来年树势衰弱，严重影响树体的生长发育。据相关学者研究，枣焦叶病也是近年来河南地区枣林的主要病害之一，主要以无性孢子在树上越冬，靠风力传播，由气孔或伤口侵染。其症状主要表现在叶、枣吊上。发病初期出现灰色斑点，局部叶绿素解体，之后病斑呈褐色，周围呈淡黄色，半月后病变中心出现组织坏死，叶缘淡黄色，由病斑连成焦叶，最后焦叶呈黑褐色，叶片坏死，部分出现黑色小点。

危害枣树的虫害超过20多种。其中，发生比较普遍、危害比较严重的虫害主要有枣叶壁虱（叶螨）、枣步曲、枣黏虫、桃小食心虫、枣实蝇（世界检疫对象）等。一般粗放管理、使用药剂较少的枣园，食叶害虫诸如食芽象甲、黄刺蛾等比较严重，甚至猖獗成灾。枣黏虫又名包叶虫，以幼虫危害叶片、花、果实，并将枣树小枝叶吐丝粘在一起，将叶片卷成"饺子"而在其中危害，或由果柄蛀入果内蛀食果肉，造成被害果早落。相反，栽培管理较好、使用药剂较多的枣园，食叶害虫比较少见，多见的是螨类和蚧类。危害枣树的螨类有枣树红蜘蛛和枣叶壁虱，枣树红蜘蛛主要有截形叶螨、朱砂叶螨和二斑叶螨3种。以若螨、成螨在叶背面吸食汁液危害，造成叶片失绿变黄，严重时使整个叶片枯黄，提早脱落。常见的蚧类有枣龟蜡蚧、枣粉蚧，以若虫或成虫固着在枣叶、花、果或1～2年生枝条上吸食汁液，同时排出大量排泄物招生黑霉，污染叶面和果实，发生煤污病。常年受害严重的枣树则枯梢累累，连年绝产。

（三）保护遗产，制定策略

1. 总体目标

依据农业农村部和联合国粮农组织提供的全球重要农业文化遗

产与中国重要农业文化遗产实施动态保护和适应性管理的理念，用十年时间将灵宝川塬古枣林建成农业文化遗产管理的优秀试点。

以灵宝川塬古枣林的动态保护和大枣产业可持续发展，切实带动区域性农民增收。优化环境，传承与发展传统文化和经典技术，加强对生物多样性、水、土壤、品种的保护和建设，发展生态旅游，将农业文化遗产转化为生产力，增强当地政府的管理能力和农村参与管理的能力。

2. 基本原则

(1) 保护优先，适度利用

对灵宝川塬古枣林及古枣树群落，应当协调当地群众致富的迫切性与古枣林保护的长期性之间的矛盾，注重对古枣林的动态性保护与遗产地社会经济可持续发展。古枣林是农业文化遗产的根本，古枣林的可持续发展，是有效保护的必需措施，也是古枣林的栽培、加工方式的目的之一。关键是寻找保护与发展的"平衡点"，真正做到保护优先，适当利用。

(2) 整体保护，协调发展

灵宝川塬古枣林及古枣树群落是当地农户在长期的历史进程中融会自然、枣园与文化的生态文化复合体，是个复杂的社会—经济—自然复合型生态系统，因此，对灵宝川塬古枣林及古枣树群落的保护，不仅包括古枣树、古枣园的保护，更涉及灵宝大枣的传统栽培和加工贮藏的知识和技术，以及生态环境和自然文化景观；灵宝大枣产业的发展也是农业系统各组之间的协调发展，不是罔顾生态环境、文化传承、整体景观乃至古枣树群落的单纯的经济开发和增长。

（3）动态保护，适度开发

灵宝川塬古枣林及古枣树群落的功能不仅表现在能够提供灵宝大枣及附属产品，还具有生态价值、文化价值、历史价值和科研价值。农业文化遗产强调的是农业生态和农业文化的多样性的功能拓展，以提高系统效益和适应能力。因此，必须动态保护，适度开发。

（4）多方参与，惠益共享

灵宝川塬古枣林及古枣树群落的保护与发展涉及当地群众的根本利益，以及政府多部门的参与，需枣农、企业、政府等社会各界的积极参与和全力支持。保护、发展、保障等措施需要社会各界来执行和实施，因此必须建立利益共享机制，以提高参与保护的积极性和发展利益分配的公平性。

3．功能区划分

"河南灵宝川塬古枣林"农业文化遗产区分为三大功能区，即以函谷关和三门峡水库淹没区周边为主的明清古枣林农业军事文化区、以铸鼎原为中心的古枣林政治与农业文化区和散布其他各乡镇的古枣树群落农业文化区。

（1）明清古枣林农业与军事文化区

该区连接三门峡水库和函谷关两个文化景点，主要由大王镇和函谷关镇两个乡镇组成，是该项遗产的中心保护区。该区北濒黄河，与山西芮城县隔河相望，东与陕县毗邻，南依崤山及城关镇，西至西闫乡、焦村镇等黄土塬坡头，为黄河冲积平原区，连霍高速公路、郑西高速铁路贯穿全境。全区总面积186.7千米^2，耕地面积7.6万亩。现存100年以上的古枣树33.6万株，其中成规模的明清古枣林主要位于大王镇后地村，达4 000亩。

作为古代军事要地的古函谷关和魏函谷关，均处于该区。其中魏函谷关处于明清古枣园的中心，已被三门峡黄河水库淹没，函谷关在中华民族历史上独特的军事和文化地位为本遗产的保护与发展增添了亮丽的色彩。而明清古枣林农业文化遗产，不仅包含优良的农业、生态等系列功能，同时还由于位于其中心的魏函谷关历史，使其被赋予了独特的军事文化功能。另外，作为三门峡水库的淹没区，其独特的地质地貌、生态湿地等功能也为本区的遗产增添新内容。

（2）古枣林政治与农业文化区

以铸鼎原为中心，该区东起西闫乡的黄土塬坡头，西与陕西省潼关县接壤，北濒黄河，与山西芮城县隔河相望，南依秦岭山，主要由西闫乡、阳平镇、故县镇和豫灵镇组成，多数为半丘陵地带，连霍高速公路、郑西高速铁路、陇海铁路贯穿全境。全区总面积737.9千米^2，耕地面积26.7万亩，现存100年以上的古枣树11 370株，主要在西闫乡（9 870株）和阳平镇（1 500株）。

作为中华民族始祖轩辕黄帝统一中原后的建都之所和最初的政治经济文化中心，处于该区中心地带的轩辕皇帝"铸鼎原"，造就了本区丰富的政治文化遗产。该区的古枣林农业文化遗产，在展示了优良的农业、生态等系统功能的同时，也展示了独特的中华民族始祖文化。而处于该区中心的西坡遗址挖掘的枣树种植历史，则使该区在展示中华枣文化的同时，具有独特的历史遗产展示功能。

（3）古枣树群落农业文化区

与上述两区不同，散布在其他各乡镇的古枣树群落，农民的种枣行为主要以自给自足为主。农民对枣树的利用和保护也与上述两区不同。该区的功能主要侧重于对古枣树的保护。对相应的枣树群落，仍将以维持现有的生长和生态环境状况为主。

（四）措施具体，努力实施

1. 实施灵宝大枣原产地域保护

1973年以来，灵宝县先后成立了绿化委员会、林木检查站，并在林区建立了公安派出所等。1983年灵宝县人民政府下发了《关于批转县林业局关于保护林木发展林业生产的实施细则和通知》，制止毁林开荒、突破开荒和乱砍滥伐现象。灵宝市委、市政府总结近几年来开展的工作和取得的成效，在此基础上明确了古枣林保护的重点和方向。首先，对灵宝大枣申请原产与产品保护。2005年，根据《中华人民共和国产品质量法》和《原产地域产品保护规定》，国家质量监督检验检疫总局组织专家对灵宝大枣生产进行考察，并对原产地域产品保护申请进行审查，于2005年2月21日发布公告，对灵宝大枣实施原产地域保护。

2. 保护古树名木

灵宝市绿化委员会2006年11月下发了《灵宝市古树名木保护管理办法》，该办法界定了古树名木的保护范围，明确了对其进行管理及养护的职责，规定了违反其管理的法律责任，提出了一系列具体的保护措施。

3. 建立无公害农产品生产基地

为保护灵宝大枣的生产质量，灵宝市严格按照《国家农产品质量安全法》和《国家无公害农产品生产管理办法》规范大枣的无公害生产管理，于2001年被国家认定为无公害农产品（种植业）生产示范基地。灵宝以落实果品生产标准园创建为切入点，大力推行标准化生产和无公害技术应用，严格果品生产投入的管理和使用；不断完善无公害果品生产技术标准、安全生产、生产记录、质量监管4项体系，建立健全了投入管理、生产档案、产品检测、基地准出和质量追溯5项质量管理制度，进而保护了灵宝大枣无公害生产顺利进行。

大王镇2002年被确定为河南省首批农业标准化示范区，2003年成为河南省无公害农产品基地，2009年确定为全国有机农产品基地。镇党委、镇政府十分重视大枣的标准化生产工作，成立了大枣标准化生产领导小组和大枣科技协会，为每个大枣生产专业村配置了技术员，建立了完整的产前、产中、产后服务体系；制定了涵盖大枣生产、收作的过程管理和过程控制；完善了大枣栽培、植保、烘干和收购等相关技术标准，形成了以土壤深松、配方施肥、生物防治、精细管理、成熟采收、科学烘干、合理间作配种为主要内容的栽培体系；成立乡、村、组三级生产技术推广服务体系，在大枣生产的各个环节，都深入田间地头，为枣农提供及时、周到、细致的技术指导与服务，为大枣标准化生产提供有力保障。

冬日枣林

春意盎然

4．支持规模化发展

随着社会主义市场经济运营机制的逐步完善，灵宝市委、市政府审时度势，基于反复调查与充分论证基础上，提出了建立10万亩大枣基地的构想，并与1999年下发了灵发〔3〕号文件《关于建立10万亩大枣基地的意见》，明确指导思想，提出具体目标，制定优惠政策，并把灵宝大枣确定为灵宝八大支柱产业之一。自2000年，国家开始实施退耕还林工程，更推动灵宝大枣的迅速发展，5年间新栽种的大枣树5万余亩。尤其是近年来发展旅游观光经济，截至2011年，灵宝大枣已发展到10万亩。年产量达到58 689吨。截至2011年年底，灵宝大枣栽植面积达到13.5万亩，产业化水平不断提高。全市龙头企业达到65家，新增省级无公害农产品认证产品4个，建成农业物联网示范基地2处。

为了进一步推进灵宝大枣产业化进程，大王镇党委、镇政府审时度势，以打造产业化龙头企业为突破口，在灵宝市区合资兴建了灵宝果王有限责任公司，采用现代化合成方法，以大枣为主要原料，生产出划时代的纯天然保健饮品"九九宝"。"九九宝"以灵宝大枣配以枸杞、茵陈，加入蜂蜜，具有大枣的基本功效外，更兼有养颜、美容、增智、抗癌的特殊功能。该产品被河南省科委确定为科技星火项目，并荣获中国1995年第七届新技术新产品博览会金奖，目前，"九九宝"已远销上海、广东、北京、西安、武汉等全国8个省市10多个地区。

5．加强城乡居民对古枣林的保护意识

为了提高居民对古枣林文化遗迹的保护意识，灵宝市委、市政府及相关部门做出多方面的努力，从实践结果来看，当地居民的"灵宝川塬古枣林"历史文化遗迹保护意识在逐步提高。具体包括以下措施。

(1) 组织多样化活动，营造良好保护氛围

灵宝市委、市政府大力组织开展形式多样的宣传活动，利用本地丰富多彩的文化资源搭建平台，举办以灵宝古枣林为主题的历史文化遗迹学术活动、专题讲座，免费发放相关资料，悬挂标识等，营造出保护历史文化遗迹的良好氛围，提高了当地人民群众对古枣林文化遗产重要性的认识。

(2) 利用现代媒体宣传保护古迹意义

灵宝相关管理部门充分利用各种媒体，大力宣传和普及保护大王镇古枣林农业历史文化遗产的教育工作，告诉当地居民什么是文化遗产，文化遗产包括哪些内容，文化遗产的价值在哪里，同时强调古枣林蕴含着文化遗产的内在精神价值，包括历史的、文化的、情感的、神秘的价值等。让当地居民充分了解古枣林文化遗产的价值所在，逐步树立起居民的保护文化遗产的意识，进而将这些意识转化为自觉的保护行动。

6. 开发农业休闲旅游业

近年来，灵宝市委、市政府大力推进"灵宝川塬古枣林"农业休闲旅游开发，围绕建设"国内一流，国际知名"旅游目的地城市目标，实施"旅游经济倍增计划"，着力培养文化游、果乡游的旅游品牌，推动文化旅游强市建设。

老城古渡的船只

附录

附录1　　大事记

1914年，美国拟在旧金山举办万国商品博览会。河南巡按使田中王筹备巴拿马赛会。河南出品协会的展品中有灵宝大枣。1915年灵宝大枣和贵州茅台酒、镇江陈醋获金奖。

1995年7月5日，中共河南省政法委书记、省高级人民法院院长郑曾茂到果王有限责任公司考察，中共三门峡市委副书记、中共三门峡市委常委、灵宝市委书记付志方等陪同（果王公司以大枣为原材料的公司）。

1995年12月下旬，灵宝市果王有限公司天然保健饮品——九九宝，在第七届中国新技术产品博览会荣获金奖。

1996年9月13日灵宝市首届大王金秋枣乡游活动举办，在老城村舞台举行开幕式。

2000年10月5日，果王有限责任公司枣汁饮料年产2万吨"九九宝"系列饮料扩建项目启动。

2001年9月6日，大王镇举办第一届农业科技交流大会（共举办12届）。

2003年9月，河南省委副书记、省长李成玉到梨园村、后地村视察秋作物长势。三门峡市委书记申振君、灵宝市委书记王跃华等领导陪同。李成玉等领导品尝了灵宝大枣，盛赞"大王农业结构调整工作做得好"。

2005年12月，大王镇在中国国际枣业产业化发展论坛上获"2005年名优红枣生产乡镇"证书。

2006年3月27日，灵宝市委、市政府确定大王枣奶制品、大发运输公司为重点民营企业，实行挂牌保护。

2006年10月20日，河南省人民政府参事室参事、教授级高级工程师赵体顺，河南农业大学林学园艺学院教授、博导茹广欣，河南省林业调查规划院教授级高级工程师夏丰昌对后地村灵宝大枣树龄进行鉴定，通过年轮分析，推断为年龄在500年左右，经推算应为明朝中期栽植。

灵宝市绿化委员会：《灵宝市古树名木保护管理办法》灵绿字〔2006〕6号

灵宝市政府：《关于建立灵宝市十万亩大枣基地的意见》灵发〔1999〕3号

灵宝市政府：《灵宝市明清古枣林及古枣树群落保护与发展行动方案（2014—2017）》灵政〔2014〕86号

灵宝大枣获得荣誉

灵宝大枣是全国农展馆固定展品，被河南省列为名优特产品。

1915年，在巴拿马万国博览会上获得金奖。

2000年，荣膺中国首届枣类鉴评会红枣类金奖。

2004年，被命名为"国家地理标志产品""原产地域保护产品"。

2005年，被评为"中国名优红枣生产乡镇"。

2015年，川塬古枣林被国家农业部公布为"第三批中国重要农业文化遗产"。

2019年，获得"2019中国枣业区域公用品牌20强"。

附录2 　　旅游资讯

灵宝重点旅游景区（点）简介

【函谷关历史文化旅游区】　国家AAAA级景区、河南省重点文物保护单位。位于河南省灵宝汉函谷关镇境内，距市区12千米。辖区面积16.9千米²，是融道家文化和军事文化于一体的人文游览区。

函谷关历史文化旅游区分为函谷关和太初宫两大部分，以名关（函谷关）、名人（老子）、名著（道德经）名世。主要景点有老子圣像、道德天书、道坛、德堂、太初圣宫、大道院、瞻紫楼、鸡鸣台、碑林、关楼、函谷关古道等30余处。函谷关是中国历史上建置最早的雄关要塞之一，建于春秋战国之际，"因在谷中，深险如函而得名。东自崤山，西至潼津，通名函谷，号称天险"。千百年来一直是兵家必争的战略要地，建关近3 000年的过程中，在这里发生了"武王伐纣""合纵攻秦""桃林大战"等影响中国历史进程的战役，同时也是伟大的思想家、哲学家老子著述《道德经》的所在地，号称"道家之源"。自1992年以来，函谷关每年都要举行隆重的老子诞辰纪念活动。

【汉山旅游区】　国家AAAA级景区。位于河南省灵宝故县镇河西村境内，总规划面积19.785千米²。景区内群峰高耸，层峦叠嶂，幽谷清澈，海拔千米以上的高峰林立，最高海拔2 130米（金顶），最低海拔832米（马家岔），相对高差1 300米，足见山体之雄伟。

拾级而上，栩栩如生的仙人脚印、汉山石虎、灵龟石等令人驻足凝神，流连忘返；汉山毗邻小秦岭自然保护区，林木资源60科、141属、480余种，"大将军松"树龄已逾600，胸围有280厘米。这里有无脊椎动物1 000种、脊椎动物300种，其中国家重点保护的动物有28种；汉山唐时儒、佛、道三教并立，山内文物古迹、名胜景观众多，素有"七寺八庵九道观，四十里竹林不见天"之美誉。"三皇洞""三官洞""玉皇阁""祈雨潭""瓦罐庙"等古迹保存完好。汉山"王莽撵刘秀传说"被河南省政府首批公布为"河南省非物质文化遗产"。

【燕子山风景区】 国家ＡＡＡＡ级景区、国家级森林公园。位于河南省灵宝川口乡境内，距市区20千米。景区占地总面积4 800公顷，其中有林地面积4 533.33公顷，森林覆盖率高达96%，是黄河沿岸中西部交汇处生态保护较为完好的森林公园之一。园内最低海拔800米，最高海拔1 497米，年平均气温10.7℃，属北方暖温带大陆性季风气候区。

区内秀峰林立、沟壑纵横，登燕子山主峰观日出、看云海、俯瞰黄河九曲十八弯；区内水流湍急、水潭棋布，两条奔流不息的河流像玉带一样把红皮河景区和雷家沟景区大小十余处瀑布串在一起，并汇成两座碧波荡漾的水库；区内林木茂盛、灌丛密布，其中刺槐林面积之大位居河南省前列，每年四五月份，槐花从低海拔至高海拔依次开放，持续时间长达30余天，漫山遍野弥漫着槐花的清香。区内还有国家级保护植物水杉、银杏、粗榧、水曲柳、鹅掌楸等，与高大挺拔、直插云天的人工林和自然扭曲、相互缠绕的次生林形成了独特别致的森林景观；区内动物种类繁多，有国家级保护动物金钱豹、穿山甲、红腹锦鸡、麝、鹿等，漫步林中，常会和红腹锦鸡、鹿等美丽温顺的林中精灵不期而遇；区内人文文化气氛浓郁，有龙王庙、祖师庙、前后山神庙和西山神庙，还有刘秀和夫人路过燕子山走马观花踩石上马时留下足印的上马石，有肋生双翅、协助武王伐纣、屡立战功的雷震子出生习武之处雷震洞等，无不引人发思古之幽情。

【**小秦岭地质公园娘娘山风景区**】 国家ＡＡＡＡ级景区。西北坡位于焦村境内，距灵宝市区11千米；东南坡位于五亩乡境内，距灵宝市区11千米。

娘娘山，又名女郎山。相传远古之时，太上老君为铸炉炼丹选中了秦岭东端的这座山峰，将拐杖插在山头作为证据。后来王母娘娘为普度众生也看中了这座山，将绣鞋埋于老君杖下。二人为此山争执不下，玉皇大帝派司山之神察断，以鞋先杖后为据，把此山判属王母娘娘。王母娘娘驻跸后，点化纪家庄一李姓人家所生三女登山羽化成仙，并分别赐任其"天母娘娘""地母娘娘""人母娘娘"封号，之后，人们将三位娘娘所居之处称为"娘娘山"。

娘娘山风景区属小秦岭山脉，呈花岗岩地貌，完整保存着距今30亿～25亿年拆离断层构造的地质遗迹。2004年5月被批准为省级地质公园。2011年4月，被批准为国家ＡＡＡ级旅游景区。

娘娘山春天百草含芳、春意盎然，夏季青峰翠谷，潭瀑相连，秋季各种花草依次开花、果实累累，冬季山坡白雪皑皑，谷底琼冰玉瀑，春花秋实，夏瀑冬冰，让人陶醉。

娘娘山风景区总面积28千米^2，主峰娘娘山海拔为1 555.9米。依其地形地貌特点分为瀑布峪（百尺瀑）景区、石瀑布景区、娘娘庙景区和黄天墓景区。对外开放的主要是瀑布峪景区和石瀑布景区。瀑布峪景区里芳草萋萋，溪流潺潺，百尺瀑磅礴壮观，地质拆离断层尽显岁月沧桑，北国第一漂滑惊险、刺激；石瀑布景区水体景观多变，自然秀丽，原生节理形成的山体壁立千仞，让人望而生畏；娘娘庙景区以三娘娘的传说故事为主题，常年香火不断，紫烟缭绕；黄天墓景区位于武家山上，山体主要景点有青龙岭、凤凰岭和上天梯等，海拔为1 555.9米。

【荆山黄帝铸鼎原旅游区】 国家AA级景区，国家级重点文物保护单位。位于河南省灵宝阳平镇境内，距市区25千米。

黄帝铸鼎原是中华人文始祖轩辕黄帝奠定邦国、铸鼎铭功、驭龙升天的地方，也是海内外中华儿女寻根祭祖、缅怀圣德、领略黄帝文化、上溯华夏文明起源的旅游观光圣地。《史记·封禅书》载："黄帝采首山铜，铸鼎于荆山下，鼎成崩焉……。其臣左彻取衣冠几杖而庙祀之……"铸鼎缘由此而名。景区先后保护加固了黄帝陵冢，修复建设了始祖殿、献殿、阙楼、东西廊房、功德柱、神道等大型建筑，铸造了天、地、人三尊巨型铜鼎，象征天神、地神和祖宗，总占地面积80 000余米^2。在铸鼎原及其周围分布着北阳平遗址、西坡遗址、东常遗址、轩辕台等30多处仰韶文化遗址，遗址面积3.6千米^2。2001年被国务院以北阳平遗址群的名义公布为全国重点文物保护单位。该遗址是国内现存面积最大、延续时间最长、包含物最丰富的仰韶时期古文化遗址群。2005年被国家文物局、国家发展和改革委员会列入"十一五"期间100处重点大遗址保护专项，并被国家列入中华文明探源工程六大首选遗址之首。其中西坡遗址三大重大发现在国内外引起了轰动。一是在西坡遗址发现了一座占地516米^{2}的带回廊特大宫殿基址；二是发现了仰韶时期大型的人工防护壕沟，弄清了西坡这座远古城池的公益活动区、居住区、作坊区、墓葬区等城建布局；三是发现了仰韶中晚期大型墓葬区，出土了一大批完整的成套玉器、陶瓷、骨器、石器等文物，为研究人类社会阶级的产生、国家的出现、文明的起源提供了弥足珍贵的实物资料。

铸鼎原现存唐贞元十七年（801）《轩辕黄帝铸鼎原碑铭》碑一通，它是全国迄今发现的关于记载黄帝功绩最早的也是唯一记载黄帝采铜铸鼎历史一通碑刻，是研究黄帝文化的稀世珍品，也是铸鼎原悠久历史文化的见证。

【亚武山风景名胜区】 位于灵宝豫灵镇境内，距市区60千米。

亚武山因传真武大帝在此修炼而得名，又因诸峰看似凤凰展翅，所以别称凤凰山。自唐朝咸亨年间大兴土木后，一直是北方有名的道教圣地。

亚武山风景区是河南省境内海拔最高（主峰海拔1 823米）、面积最大（约100千米²）的省级自然保护区和风景名胜区，也是国家级森林公园。

该景区规划开发旅游面积达63千米²，按其不同的山水景色及人文历史可分为"五区一线"：一，雄奇险秀小华山区域，面积15.7千米²。其主峰分东西南北中五大主峰，形貌奇险如西岳华山；峰下"两湖一坪"，峰上原始森林浓郁，更有宫、庙、亭、观点缀其间，足显道家文化底蕴厚重。二，天然兵城四郎寨区域，面积5.2千米²。相传杨四郎（宋）曾屯兵于此。该区内四峰突立（海拔2 100余米），东西南三面万仞绝壁，仅北面有小路可通，现存有演兵场、藏兵洞、元帅府、饮马潭等遗迹。三，世外仙苑千佛洞区域，面积20千米²。该区位于景区深处，区内群山叠嶂，密林环拥，潺潺流水，鸟语花香。间或有数顷平阔地，茅舍石屋，非当地居民引导不可寻觅。不知何朝，佛家凿岩建寺于此，寺内有大佛一尊、小石佛千尊。四，秀岭叠峦拱岱岳（歪咀子）区域，面积12.3千米²。该区从小秦岭前山始，突起1 200余米至最高点，海拔1 700余米，雄如岱岳。区内多幽谷山溪，典型的有云华洞、大钟寺峪的石瀑布、千尺黄花瀑布、石姥峪的万丈天然石姥像及东子胡大峡谷的元代修建的和尚塔。此外，山顶有水，还有古建祖师庙。五，中原第一峰老鸦峰区域，面积5.4千米²。老鸦峰海拔2 413米，为河南省境内最高峰。挽索而上，登顶可纵观八百里终南山和区内黄金生产矿区全景。六，黄金生产一线游。到此参观可了解采矿、选矿、提炼、加工等黄金生产全过程，并可超值选购金矿石样本及金银饰品等。

【龙湖风景区】 位于五亩乡境内，距灵宝市区22千米，属国家级水利风景区。

该景区依托窄口水库而建，库区面积占地5.6千米²，其中水域面积300余公顷。区内六大水利主体工程与跃天湖、跃天寨、葫芦谷三大自然景观交相辉映。跃天寨景点有观景亭、天然氧吧；葫芦谷景点有峭壁奇石、60余米高的桂花瀑布以及琴瀑、天坑等，谷内三步一泉，五步一瀑，景色蔚然壮观；跃天湖景点建有集吃、住、玩为一体的水上娱乐城、珍禽动物园、假山喷泉、音乐灯光喷泉、牡丹园、植物园和荷花塘等。去龙湖风景区途中，经五亩、盘龙、台头、长桥等村至跃天寨，总能听到一段优美的龙王降雨神话传说故事。

窄口水库是灵宝人民改造大自然的伟大壮举，是灵宝人民在中国共产党领导下树立起的一座建设社会主义的丰碑。2000年，该景区被确定为"青少年革命传统教育基地"。

重点旅游涉外饭店简介

【紫金宫国际大酒店】 位于灵宝市区长安路中段，1998年建成开业，四星级酒店。

紫金宫国际大酒店分为主楼和郡楼两大部分，其中主楼23层，高128米，建筑面积35 812米^2，是融吃、住、行、游、购、娱为一体的高星级旅游涉外酒店。著名诗人贺敬之赋诗赞曰："金秋访金城，惊梦紫金宫，桃林逢夸父，红日抱怀中。"

该酒店拥有总统套房、部长套房、豪华套房、高级标准间、单人间、蜜月洞房等各类客房212间（套），其中标准间面积34米^2。酒店配置规格高，地热矿泉水供应系统、中央空调系统、卫星地面接收系统、程控电话、电脑网络系统、可控广播音乐系统、小冰箱酒吧及残疾人无障碍设施等一应俱全，可满足不同层次客人的需求。

酒店设有大厅商务中心、楼层商务中心、股票交易大厅、黄金交易大厅、会议厅、会谈厅、商务厅，可承办不同规格的商务会议和文艺演出，举办新闻发布会和商品展示会及中西式宴会。三楼多功能国际会议中心，严格按照国际会议标准要求设计，有一流的灯光、音响、投影设备和5道红外线同声传译系统，可承办300余人的国际会议。

酒店的中餐厅装修考究，菜品齐全，可供给上乘的潮菜、粤菜和正宗的川、豫大菜，其中不少高档次菜品多次在国内的烹饪大赛中摘冠。20多个以"金"字命名的豪华贵宾厅和超豪华的紫金阁，富丽堂皇，在国内餐饮界堪称一流；皇家杂粮风味厅能使客人感受到宾至如归的体贴；位于23楼的金太阳旋转餐厅是客人在享受美味佳肴的同时可俯瞰灵宝市区全景；三楼大型宴会厅金碧辉煌，可同时举办400人的大型宴会。

酒店富有特色的休闲娱乐设施也会让客人感受到另一番精彩：钢琴吧琴声悠扬，金都名仕夜总会设施一流，著名艺术家李谷一、马季等都曾在此倾情献艺；思客来桑拿按摩中心能帮游子洗却旅尘。此外，酒店还配有高智能电子货币紫金宫一卡通信用卡结算系统。

紫金宫国际大酒店以高规格的硬件、高档次的菜品、高质量的服务创造了特色品牌。先后获河南卫生等级A级单位、河南省十佳星级酒店、十佳旅游饭店和三门峡市旅游明星单位、灵宝旅游立功单位等荣誉称号。

【宝源大酒店】　位于灵宝市主干道函谷路与亚武路交会处东北隅，是一家四星级全智能数字化精品酒店，2011年12月30日建成开业，总建筑面积近16 000米^2。

建筑壮观，伟岸气派。其中主楼高7层，昂首挺立，高屋建瓴。登顶可近观"弘农古郡，灵宝新城"之胜景。酒店拥有客房189套，其中含总统套房、豪华套房、商务套房、豪华商务单间、豪华标间等。该酒店倾情打造精细特色美味，意在引领饮食新风。酒店设有富丽堂皇的宴会厅，装有高档的专业多媒体、音响及灯光设备，可承接大型宴会及高级别会议。酒店特聘请资深名师主理皇家燕鲍翅官府精品菜肴，使宾客在享受舒适、温馨就餐环境的同时，体验中国悠久、灿烂的饮食文化。

【轩瑞温泉水上乐园】　位于函谷路北段，是集住宿、餐饮、桑拿、洗浴、娱乐、健身、电子商务为一体的三星级酒店，建筑面积10 000余米^2。

该酒店餐饮部名厨荟萃，可提供各种档次各种风味的菜肴和地方特色小吃；客房舒适典雅，豪华间、普通套间、标准间可满足不同消费层次客人的需求。特别是依托距地面1 800米深的地热温泉，

建设有嬉水大厅供客人游泳，同时开设桑拿浴、冲浪浴、针刺浴、枪林弹雨浴、大众浴洗等服务项目。此外，还设有多功能演绎厅、大中型会议厅、保龄球馆、网球场、音乐茶座等。

特色美食

羊肉汤

羊肉汤，灵宝风味小吃，历史悠久，源远流长。羊肉味甘，性热，大补，具暖胃、健脾、补肾、除风、祛湿等功效；四季可用，老少皆宜；食之大汗淋漓，通身舒畅，是百吃不厌的美食佳品。

石子馍

石子馍，又称石子烧饼，因用豆石在鏊上面垫底烙熟而得名。其历史源远流长，兼有原始的制作方法，是灵宝一种别具特色的风味小吃。

脂油烧饼

脂油烧饼又叫脂油饼，是灵宝的一大名吃。扁圆形，旋纹相套，外观焦黄明亮，咬开后层次分明，每层薄如纸，外酥里软，浓香扑鼻。

烧饼夹肉

灵宝名吃，选料考究，配方独特。其肉色泽鲜明，肥而不腻，入口即化；其饼酥黄焦脆，清香爽口。尤其是热馍凉肉，口感甚佳，吃起来别有一番风味。

一生凉粉

"一生凉粉"是灵宝的特色地方小吃，已有几百年历史，全国独一无二。阳店镇寨原、新村一带，农历二月初五有凉粉节，又称"流光节"。这一天，男女老少都吃凉粉，图个流年好运，光景和顺，家道兴隆。

猪头宴

猪头宴需用一整副猪头、猪下水，土鸡一只。处理干净腌制好，蒸5小时左右，把酱烧好的猪头及下水、土鸡取出，趁热将猪肺切片，猪蹄剁寸块，猪肚切丝，猪耳朵割下，猪肠切三角块。配陈醋水、红油汁、芝麻酱和蒜泥蘸汁。宴前6~8个菜，一般是时鲜素菜。

羊肉糊卜

羊肉在豫西一带很流行，羊肉馆也很多，羊汤是公认的美食，糊卜是一种单层的薄饼切成细丝，类似吃烤鸭的鸭饼。饼烙到七分熟，切细丝，放入羊汤中焖熟，配菜是绿豆芽。

浆面条

浆面条所用浆水，是制作灵宝名吃一生凉粉的副产品——浆粉。上等的粉浆，色泽白中泛青，浆味酸中带香，醇厚绵长。在浆水里下面条。最后再点上芹菜丁、豆腐丁、花生仁、鲜黄豆等。

全球／中国重要农业文化遗产名录

1. 全球重要农业文化遗产

2002年，联合国粮食及农业组织（FAO）发起了全球重要农业文化遗产（GIAHS）保护倡议，旨在建立全球重要农业文化遗产及其有关的景观、生物多样性、知识和文化保护体系，并在世界范围内得到认可与保护，使之成为可持续管理的基础。

按照FAO的定义，GIAHS是"农村与其所处环境长期协同进化和动态适应下所形成的独特的土地利用系统和农业景观，这些系统与景观具有丰富的生物多样性，而且可以支撑当地社会经济与文化发展的需要，有利于促进区域可持续发展"。

截至2020年4月，FAO共认定59项全球重要农业文化遗产，分布在22个国家，其中中国有15项。

全球重要农业文化遗产（59项）

序号	区域	国家	系统名称	FAO批准年份
1	亚洲（9国、40项）	中国（15项）	中国浙江青田稻鱼共生系统 Qingtian Rice-fish Culture System, China	2005
2			中国云南红河哈尼稻作梯田系统 Honghe Hani Rice Terraces System, China	2010

（续）

序号	区域	国家	系统名称	FAO批准年份
3			中国江西万年稻作文化系统 Wannian Traditional Rice Culture System, China	2010
4			中国贵州从江侗乡稻鱼鸭系统 Congjiang Dong's Rice-fish-duck System, China	2011
5			中国云南普洱古茶园与茶文化系统 Pu'er Traditional Tea Agrosystem, China	2012
6			中国内蒙古敖汉旱作农业系统 Aohan Dryland Farming System, China	2012
7			中国河北宣化城市传统葡萄园 Urban Agricultural Heritage of Xuanhua Grape Gardens, China	2013
8			中国浙江绍兴会稽山古香榧群 Shaoxing Kuaijishan Ancient Chinese Torreya, China	2013
9	亚洲（9国、40项）	中国（15项）	中国陕西佳县古枣园 Jiaxian Traditional Chinese Date Gardens, China	2014
10			中国福建福州茉莉花与茶文化系统 Fuzhou Jasmine and Tea Culture System, China	2014
11			中国江苏兴化垛田传统农业系统 Xinghua Duotian Agrosystem, China	2014
12			中国甘肃迭部扎尔那农林牧复合系统 Diebu Zhagana Agriculture-forestry-animal Husbandry Composite System, China	2018
13			中国浙江湖州桑基鱼塘系统 Huzhou Mulberry-dyke and Fish-pond System, China	2018
14			中国南方山地稻作梯田系统 Rice Terraces System in Southern Mountainous and Hilly Areas, China	2018

（续）

序号	区域	国家	系统名称	FAO批准年份
15		中国 （15项）	中国山东夏津黄河故道古桑树群 Traditional Mulberry System in Xiajin's Ancient Yellow River Course, China	2018
16		菲律宾 （1项）	菲律宾伊富高稻作梯田系统 Ifugao Rice Terraces, Philippines	2005
17			印度藏红花农业系统 Saffron Heritage of Kashmir, India	2011
18		印度 （3项）	印度科拉普特传统农业系统 Koraput Traditional Agriculture Systems, India	2012
19			印度喀拉拉邦库塔纳德海平面下农耕文化系统 Kuttanad Below Sea Level Farming System, India	2013
20	亚洲（9国、 40项）		日本金泽能登半岛山地与沿海乡村景观 Noto's Satoyama and Satoumi, Japan	2011
21			日本新潟佐渡岛稻田-朱鹮共生系统 Sado's Satoyama in Harmony with Japanese Crested Ibis, Japan	2011
22			日本静冈传统茶-草复合系统 Traditional Tea-grass Integrated System in Shizuoka, Japan	2013
23		日本 （11项）	日本大分国东半岛林-农-渔复合系统 Kunisaki Peninsula Usa Integrated Forestry, Agriculture and Fisheries System, Japan	2013
24			日本熊本阿苏可持续草原农业系统 Managing Aso Grasslands for Sustainable Agriculture, Japan	2013
25			日本岐阜长良川香鱼养殖系统 The Ayu of Nagara River System, Japan	2015

（续）

序号	区域	国家	系统名称	FAO批准年份
26	亚洲（9国、40项）	日本 （11项）	日本宫崎高千穗－椎叶山山地农林复合系统 Takachihogo-shiibayama Mountainous Agriculture and Forestry System, Japan	2015
27			日本和歌山南部－田边梅子生产系统 Minabe-Tanabe Ume System, Japan	2015
28			日本宫城尾崎基于传统水资源管理的可持续农业系统 Osaki Kôdo's Sustainable Agriculture System Based on Traditional Water Management, Japan	2018
29			日本德岛Nishi-Awa地域山地陡坡农作系统 Nishi-Awa Steep Slope Land Agriculture System, Japan	2018
30			日本静冈传统山葵种植系统 Traditional Wasabi Cultivation in Shizuoka, Japan	2018
31		韩国 （4项）	韩国济州岛石墙农业系统 Jeju Batdam Agricultural System, Korea	2014
32			韩国青山岛板石梯田农作系统 Traditional Gudeuljang Irrigated Rice Terraces in Cheongsando, Korea	2014
33			韩国花开传统河东茶农业系统 Traditional Hadong Tea Agrosystem in Hwagae-myeon, Korea	2017
34			韩国锦山传统人参种植系统 Geumsan Traditional Ginseng Agricultural System, Korea	2018
35		斯里兰卡 （1项）	斯里兰卡干旱地区梯级池塘－村庄系统 The Cascaded Tank-village Systems in the Dry Zone of Sri Lanka	2017

（续）

序号	区域	国家	系统名称	FAO批准年份
36	亚洲（9国、40项）	孟加拉国（1项）	孟加拉国浮田农作系统 Floating Garden Agricultural System, Bangladesh	2015
37		阿联酋（1项）	阿联酋艾尔－里瓦绿洲传统椰枣种植系统 Al Ain and Liwa Historical Date Palm Oases, the United Arab Emirates	2015
38		伊朗（3项）	伊朗喀山坎儿井灌溉系统 Qanat Irrigated Agricultural Heritage Systems of Kashan, Iran	2014
39			伊朗乔赞葡萄生产系统 Grape Production System and Grape-based Products, Iran	2018
40			伊朗戈纳巴德基于坎儿井灌溉藏红花种植系统 Qanat-based Saffron Farming System in Gonabad, Iran	2018
41	非洲（6国、8项）	阿尔及利亚（1项）	阿尔及利亚埃尔韦德绿洲农业系统 Ghout System, Algeria	2005
42		突尼斯（1项）	突尼斯加法萨绿洲农业系统 Gafsa Oases, Tunisia	2005
43		肯尼亚（1项）	肯尼亚马赛草原游牧系统 Oldonyonokie/Olkeri Maasai Pastoralist Heritage Site, Kenya	2008
44		坦桑尼亚（2项）	坦桑尼亚马赛草原游牧系统 Engaresero Maasai Pastoralist Heritage Area, Tanzania	2008
45			坦桑尼亚基哈巴农林复合系统 Shimbwe Juu Kihamba Agro-forestry Heritage Site, Tanzania	2008

（续）

序号	区域	国家	系统名称	FAO批准年份
46	非洲（6国、8项）	摩洛哥（2项）	摩洛哥阿特拉斯山脉绿洲农业系统 Oases System in Atlas Mountains, Morocco	2011
47			摩洛哥索阿卜－曼苏尔农林牧复合系统 Argan-based Agro-sylvo-pastoral System within the Area of Ait Souab-Ait and Mansour, Morocco	2018
48		埃及（1项）	埃及锡瓦绿洲椰枣生产系统 Dates Production System in Siwa Oasis, Egypt	2016
49	欧洲（3国、7项）	西班牙（4项）	西班牙拉阿哈基亚葡萄干生产系统 Malaga Raisin Production System in La Axarquia, Spain	2017
50			西班牙阿尼亚纳海盐生产系统 The Agricultural System of Valle Salado de Añana, Spain	2017
51			西班牙塞尼亚古橄榄树农业系统 The Agricultural System Ancient Olive Trees Territorio Sénia, Spain	2018
52			西班牙瓦伦西亚传统灌溉农业系统 Historical Irrigation System at Horta of Valencia, Spain	2019
53		意大利（2项）	意大利阿西西－斯波莱托陡坡橄榄种植系统 Olive Groves of the Slopes between Assisi and Spoleto, Italy	2018
54			意大利索阿维传统葡萄园 Soave Traditional Vineyards, Italy	2018
55		葡萄牙（1项）	葡萄牙巴罗佐农林牧复合系统 Barroso Agro-sylvo-pastoral System, Portugal	2018
56	美洲（4国、4项）	智利（1项）	智利智鲁岛屿农业系统 Chiloé Agriculture, Chile	2005

（续）

序号	区域	国家	系统名称	FAO批准年份
57	美洲（4国、4项）	秘鲁（1项）	秘鲁安第斯高原农业系统 Andean Agriculture, Peru	2005
58		墨西哥（1项）	墨西哥传统架田农作系统 Chinampa Agricultural System of Mexico City, Mexico	2017
59		巴西（1项）	巴西米纳斯吉拉斯埃斯皮尼亚山南部传统农业系统 Traditional Agricultural System in the Southern Espinhaço Range, Minas Gerais, Brazil	2020

2. 中国重要农业文化遗产

我国有着悠久灿烂的农耕文化历史，劳动人民在长期的生产活动中创造了种类繁多、特色明显、经济与生态价值高度统一的重要农业文化遗产，至今依然具有重要的历史文化价值和现实意义。农业部于2012年开展中国重要农业文化遗产发掘与保护工作，旨在加强我国重要农业文化遗产价值的认识，促进遗产地生态保护、文化传承和经济发展。

中国重要农业文化遗产指"人类与其所处环境长期协同发展中，创造并传承至今的独特的农业生产系统，这些系统具有丰富的农业生物多样性、传统知识与技术体系、独特的生态与文化景观等，对我国农业文化传承、农业可持续发展和农业功能拓展具有重要的科学价值和实践意义"。

截至2020年4月，全国共有5批118项传统农业系统被认定为中国重要农业文化遗产。

中国重要农业文化遗产（118项）

序号	省份	系统名称	批准年份
1	北京（2项）	北京平谷四座楼麻核桃生产系统	2015
2		北京京西稻作文化系统	2015
3	天津（2项）	天津滨海崔庄古冬枣园	2014
4		天津津南小站稻种植系统	2020
5	河北（5项）	河北宣化城市传统葡萄园	2013
6		河北宽城传统板栗栽培系统	2014
7		河北涉县旱作梯田系统	2014
8		河北迁西板栗复合栽培系统	2017
9		河北兴隆传统山楂栽培系统	2017
10	山西（1项）	山西稷山板枣生产系统	2017
11	内蒙古（4项）	内蒙古敖汉旱作农业系统	2013
12		内蒙古阿鲁科尔沁草原游牧系统	2014
13		内蒙古伊金霍洛农牧生产系统	2017
14		内蒙古乌拉特后旗戈壁红驼牧养系统	2020
15	辽宁（4项）	辽宁鞍山南果梨栽培系统	2013
16		辽宁宽甸柱参传统栽培体系	2013
17		辽宁桓仁京租稻栽培系统	2015
18		辽宁阜蒙旱作农业系统	2020
19	吉林（3项）	吉林延边苹果梨栽培系统	2015
20		吉林柳河山葡萄栽培系统	2017
21		吉林九台五官屯贡米栽培系统	2017
22	黑龙江（2项）	黑龙江抚远赫哲族鱼文化系统	2015
23		黑龙江宁安响水稻作文化系统	2015
24	江苏（6项）	江苏兴化垛田传统农业系统	2013
25		江苏泰兴银杏栽培系统	2015
26		江苏高邮湖泊湿地农业系统	2017
27		江苏无锡阳山水蜜桃栽培系统	2017
28		江苏吴中碧螺春茶果复合系统	2020
29		江苏宿豫丁嘴金针菜生产系统	2020

（续）

序号	省份	系统名称	批准年份
30	浙江（12项）	浙江青田稻鱼共生系统	2013
31		浙江绍兴会稽山古香榧群	2013
32		浙江杭州西湖龙井茶文化系统	2014
33		浙江湖州桑基鱼塘系统	2014
34		浙江庆元香菇文化系统	2014
35		浙江仙居杨梅栽培系统	2015
36		浙江云和梯田农业系统	2015
37		浙江德清淡水珍珠传统养殖与利用系统	2017
38		浙江宁波古林蔺草－水稻轮作系统	2020
39		浙江安吉竹文化系统	2020
40		浙江黄岩蜜橘筑墩栽培系统	2020
41		浙江开化山泉流水养鱼系统	2020
42	安徽（4项）	安徽寿县芍陂（安丰塘）及灌区农业系统	2015
43		安徽休宁山泉流水养鱼系统	2015
44		安徽铜陵白姜种植系统	2017
45		安徽黄山太平猴魁茶文化系统	2017
46	福建（4项）	福建福州茉莉花与茶文化系统	2013
47		福建尤溪联合梯田	2013
48		福建安溪铁观音茶文化系统	2014
49		福建福鼎白茶文化系统	2017
50	江西（6项）	江西万年稻作文化系统	2013
51		江西崇义客家梯田系统	2014
52		江西南丰蜜橘栽培系统	2017
53		江西广昌传统莲作文化系统	2017
54		江西泰和乌鸡林下养殖系统	2020
55		江西横峰葛栽培系统	2020
56	山东（5项）	山东夏津黄河故道古桑树群	2014
57		山东枣庄古枣林	2015
58		山东乐陵枣林复合系统	2015
59		山东章丘大葱栽培系统	2017
60		山东岱岳汶阳田农作系统	2020

（续）

序号	省份	系统名称	批准年份
61	河南（3项）	河南灵宝川塬古枣林	2015
62		河南新安传统樱桃种植系统	2017
63		河南嵩县银杏文化系统	2020
64	湖北（2项）	湖北羊楼洞砖茶文化系统	2014
65		湖北恩施玉露茶文化系统	2015
66	湖南（7项）	湖南新化紫鹊界梯田	2013
67		湖南新晃侗藏红米种植系统	2014
68		湖南新田三味辣椒种植系统	2017
69		湖南花垣子腊贡米复合种养系统	2017
70		湖南安化黑茶文化系统	2020
71		湖南保靖黄金寨古茶园与茶文化系统	2020
72		湖南永顺油茶林农复合系统	2020
73	广东（3项）	广东潮安凤凰单丛茶文化系统	2014
74		广东佛山基塘农业系统	2020
75		广东岭南荔枝种植系统（增城、东莞）	2020
76	广西（4项）	广西龙胜龙脊梯田	2014
77		广西隆安壮族"那文化"稻作文化系统	2015
78		广西恭城月柿栽培系统	2017
79		广西横县茉莉花复合栽培系统	2020
80	海南（2项）	海南海口羊山荔枝种植系统	2017
81		海南琼中山兰稻作文化系统	2017
82	重庆（3项）	重庆石柱黄连生产系统	2017
83		重庆大足黑山羊传统养殖系统	2020
84		重庆万州红桔栽培系统	2020
85	四川（8项）	四川江油辛夷花传统栽培体系	2014
86		四川苍溪雪梨栽培系统	2015
87		四川美姑苦荞栽培系统	2015
88		四川盐亭嫘祖蚕桑生产系统	2017
89		四川名山蒙顶山茶文化系统	2017
90		四川郫都林盘农耕文化系统	2020
91		四川宜宾竹文化系统	2020
92		四川石渠扎溪卡游牧系统	2020

（续）

序号	省份	系统名称	批准年份
93	贵州（4项）	贵州从江侗乡稻鱼鸭系统	2013
94		贵州花溪古茶树与茶文化系统	2015
95		贵州锦屏杉木传统种植与管理系统	2020
96		贵州安顺屯堡农业系统	2020
97	云南（7项）	云南红河哈尼稻作梯田系统	2013
98		云南普洱古茶园与茶文化系统	2013
99		云南漾濞核桃－作物复合系统	2013
100		云南广南八宝稻作生态系统	2014
101		云南剑川稻麦复种系统	2014
102		云南双江勐库古茶园与茶文化系统	2015
103		云南腾冲槟榔江水牛养殖系统	2017
104	陕西（4项）	陕西佳县古枣园	2013
105		陕西凤县大红袍花椒栽培系统	2017
106		陕西蓝田大杏种植系统	2017
107		陕西临潼石榴种植系统	2020
108	甘肃（4项）	甘肃迭部扎尕那农林牧复合系统	2013
109		甘肃皋兰什川古梨园	2013
110		甘肃岷县当归种植系统	2014
111		甘肃永登苦水玫瑰农作系统	2015
112	宁夏（3项）	宁夏灵武长枣种植系统	2014
113		宁夏中宁枸杞种植系统	2015
114		宁夏盐池滩羊养殖系统	2017
115	新疆（4项）	新疆吐鲁番坎儿井农业系统	2013
116		新疆哈密哈密瓜栽培与贡瓜文化系统	2014
117		新疆奇台旱作农业系统	2015
118		新疆伊犁察布查尔布哈农业系统	2017